食品科学与工程类系列教材

食品安全风险分析理论与应用

张鸿雁　主　编
贾　敏　副主编

科学出版社
北　京

内 容 简 介

本书共五章，主要介绍了食品安全风险分析产生的背景和意义，以及由风险评估、风险管理和风险交流三部分构成的理论框架等内容。分别就化学性危害和生物性危害重点介绍了风险评估的四个步骤：危害识别、危害特征描述、暴露评估和风险特征描述，并结合具体案例详细介绍了风险评估、风险管理和风险交流的实践应用。

本书可作为高等院校“食品安全风险分析”课程的教材，也可作为食品安全管理与控制领域相关课程的教学参考用书。

图书在版编目（CIP）数据

食品安全风险分析理论与应用/张鸿雁主编. —北京：科学出版社，2019.6

食品科学与工程类系列教材

ISBN 978-7-03-061387-5

Ⅰ. ①食…　Ⅱ. ①张…　Ⅲ. ①食品安全-安全风险-高等学校-教材　Ⅳ. ①TS201.6

中国版本图书馆 CIP 数据核字（2019）第 104983 号

责任编辑：席　慧 / 责任校对：严　娜

责任印制：赵　博 / 封面设计：铭轩堂

科学出版社 出版

北京东黄城根北街 16 号

邮政编码：100717

http://www.sciencep.com

北京科印技术咨询服务有限公司数码印刷分部印刷

科学出版社发行　各地新华书店经销

*

2019 年 6 月第　一　版　开本：720 × 1000　1/16

2024 年 1 月第五次印刷　印张：7 1/4

字数：148 000

定价：39.80 元

（如有印装质量问题，我社负责调换）

前　　言

食品安全关系到国计民生，目前我国急需食品安全相关专业人才，因此对高等学校的相关专业人才培养提出了更高的要求。食品安全风险分析是食品安全管理领域的基础理论与基石。通过对风险分析全过程的深入学习，掌握并应用风险分析方法，对食品专业人才队伍的建设具有重要意义。

目前针对“食品安全风险分析”课程教学可选用的本科或专科教材较少，并且有些教材内容不够全面，仅专门针对生物危害物或化学危害物，没有涵盖食品安全风险分析的全部内容，专业性太强；有些教材在内容编排上不利于本科或专科学生对风险分析理论的理解与接受，未充分考虑课程之间的衔接及高等院校教学工作的特点。

当前开设食品科学与工程、食品质量与安全专业的高校数量众多，加上社会对食品安全管理水平的要求越来越高，因此已有多所高校开设了“食品安全风险分析”课程作为食品类专业的专业课或选修课，所以急需适用于该专业本科或专科教学且与其他专业课程衔接良好的教材。本书的编写在一定程度上可以改善现有“食品安全风险分析”课程缺乏教材的现状，有助于食品类专业本科或专科教学的持续改进。

本书在参考现有教材或专著的主要理论表述的基础上进行案例讲解，对本科或专科学生难以理解并掌握的复杂模型仅作简要介绍，从而使学生在有限的学时内重点关注并掌握食品安全风险分析的整个理论体系及其应用。

本书引用了宋怿教授主编的《食品风险分析理论与实践》、罗祎研究员主编的《食品安全风险分析化学危害评估》和王大宁研究员主编的《食品安全风险分析指南》等许多国内优秀教材中的相关资料。山东师范大学研究生刘兆臣和王琦参与了书中图表的绘制工作。科学出版社席慧编辑认真细致的工作，使得本书得以顺利出版。在此一并表示衷心的感谢！

编者的初衷是将本书定位为高等院校“食品安全风险分析”课程的教材，重点考虑本科及专科学生的知识储备及接受能力。由于编者自身理论水平的局限，因此书中难免存在不足之处，在此恳请广大读者批评指正。

编　者

2019 年 1 月 6 日

目　　录

《食品安全风险分析理论与应用》教学课件索取单

凡使用本书作为教材的主讲教师，可获赠教学课件一份。欢迎通过电话、邮件与我们联系。本活动解释权在科学出版社。

姓名：	职称：	职务：
电话：	QQ：	电邮：
学校：	院系：	本门课程学生数：
地址：	邮编：	
您所代的其他课程及使用教材：（可填写多门）		
书名：	出版社：	
书名：	出版社：	
您对本书的评价及修改意见：		扫码获取食品专业教材最新目录

联系人：席慧 编辑　　咨询电话：010-64000815　　电子邮箱：xihui@mail.sciencep.com

第一章 食品安全风险分析概述

第一节 食品安全风险分析产生的背景和意义

当今世界，食品安全已成为各国面对的共同问题。随着经济全球化的进一步加快，世界食品贸易量持续增长，食源性疾病也随之出现了流行速度快、影响范围广等新特点。目前世界食品供应链在地理和生产维度上不断延长，且直接或间接地受多种全球因素的影响，如不断增加的国际贸易量、食品类型和地域来源的日益复杂化、农业与动物生产的集约化及产业化、食品加工模式的改变、新的食品与农业技术及食品加工方法等。上述因素不仅增加了食品供应链的安全风险，还增加了食品安全管理的难度。在经济全球化和食品国际贸易的背景下，食品安全事件在一个国家暴发，往往会造成全球食品供应链的风险。在目前的食品安全形势下，没有一个国家可以独善其身，食品安全问题需要各个国家通力协作才有可能得到控制。因此，全球的食品安全现状和新的供应链体系对各个国家和国际组织的食品安全管理体系和应急能力提出了更高的要求，也亟待采用新的食品安全管理理念和管理模式，来应对复杂的食品安全状况。

过去的监管方法以终端食品检验为主，其弊端主要表现在以下几方面。

（1）对食品安全缺乏分类，抓不住监管重点。食品供应链中的危害和风险非常繁杂，而且不同危害的风险程度也不同，必须采用不同的管理措施分类分级管理。而过去把较多的监管资源投入终端食品的检验，缺乏对食品供应链中潜在危害的分类分级，使有限的监管资源不能合理地分配到整个食品链中。大量食品安全事件证明，终端食品的检验难以保证将食品安全风险降低到一个可接受的水平。

（2）监管方式是静态的，缺乏动态的过程监管。终端食品的检验往往是对最终食品的监管，它只针对食品供应链的一个环节，一般食品检验的项目和方法在一个时期内是相对固定的，是一种“点”控制，一种静态监管模式。而食品供应链是一个动态过程，影响食品供应链的因素在不断变化，这预示着食品链中的风险也在不断变化，因此这种静态监管模式显然不能适应不断变化的食品安全风险。例如，三聚氰胺事件，三聚氰胺过去并不在乳制品的检验项目中，如果不在源头控制三聚氰胺，只靠终端食品检验，是无法防控此类食品安全风险的。

（3）监管时机滞后且被动，缺乏超前主动的科学预防。过去较多依赖终端食品检验的监管模式是滞后和被动的。食品检验时，不安全食品实际上已经产生，即使能检验出食品中的不安全因素，但已经造成了食品原料的浪费；而且很多情况下，食品检验项目的更新总是滞后于食品危害的产生。因此食品安全的监管必须要以预防为主，不能仅仅依赖事后检验。

面对目前的食品安全形势，以终端检验为主的监管模式已经不能适应食品供应链的变化。食品安全风险分析就是针对国际国内的食品安全形势应运而生的一种科学的宏观管理模式，同时作为一门正在发展的新兴学科，其本身的理论基础及应用方法等方面尚处于不断发展与完善中。“风险分析”的概念首先出现在环境科学的危害控制中，并于 20 世纪 80 年代出现在食品安全领域。食品安全风险分析是对食品链中的风险进行评估，进而根据风险程度采取相应的风险管理措施去控制或降低风险，并且在风险评估和风险管理的全过程中保证风险相关各方保持良好的风险交流；其根本目标在于保护消费者的健康和促进公平的食品贸易。

食品安全风险分析的应用范围，具体包括以下几方面。

（1）随着科学技术的发展，各种与食品相关的新物质（因子）不断出现，对这些新物质（因子）的风险评估将作为我国制定最大残留限量（maximum residue limit，MRL）及有关限量的科学依据。

（2）风险评估将为国家、行业及企业标准的制定提供可靠的科学依据。

（3）在日常生活中存在各种各样的饮食风险，对饮食风险的评估将作为为广大消费者提供食品安全保证措施的科学依据。

（4）食品安全风险评估将作为管理者制定管理决策的客观依据。

（5）随着人类生存空间的不断缩小，生存环境的破坏日益严重，与食品安全相关的风险分析作为有效的应对措施之一，将为环境保护、解决食品-环境之间的问题提供可靠的科学数据。

（6）食品安全风险分析可作为解决国际贸易争端不可缺少的有力工具。

（7）食品安全风险分析为及时启动我国的风险预警系统提供信息。

本节将从国际食品贸易中涉及的食品安全管理及国内食品安全管理两个层面具体阐述食品安全风险分析理论的产生背景及其重要作用。

一、食品安全风险分析在国际食品贸易及食品安全管理中的重要作用

在国际贸易中，由于各国实施的技术法规和标准各不相同，差异较大，因此会给生产者和进出口商造成困难，甚至形成障碍。在这种情况下，世界贸易组织（World Trade Organization，WTO）成员方普遍认为有必要制定有关规则，以约束大家的贸易行为。WTO/TBT 协定是《世界贸易组织贸易技术壁垒协定》（Agreement on Technical Barriers to Trade of the World Trade Organization）的简称，1994 年世界贸易组织成立

时在“乌拉圭回合”谈判中正式签署生效，是世界贸易组织对成员方标准化工作的规定。2001 年 12 月 11 日，中国成为 WTO 的第 143 个正式成员。

延伸阅读

1986 年 9 月，在乌拉圭的埃斯特角城举行了关贸总协定部长级会议，决定进行一轮旨在全面改革多边贸易体制的全新谈判，故命名为“乌拉圭回合”谈判。从 1986 年 9 月谈判启动到 1994 年 4 月最终协议的签署历时 8 年。谈判几乎涉及所有贸易，从牙刷到游艇，从银行到电信，从野生水稻基因到艾滋病治疗。参加“乌拉圭回合”谈判的国家和地区从最初的 103 个，增加到 1993 年底的 117 个和 1994 年 4 月谈判结束时的 123 个。此次多边谈判的主要成果：一是强化了多边体制，特别是将农产品和纺织品纳入自由化的轨道，并加强了争端解决机制；二是进一步改善了货物和服务业市场准入的条件，关税水平进一步下降，通过这轮谈判，发达国家和发展中国家平均降税 1/3，发达国家制成品平均关税税率降为 3.5%左右；三是成立了世界贸易组织。

随着国际贸易的发展和贸易自由化程度的提高，各国实行动植物检疫制度，对贸易的影响越来越大。某些国家，尤其是一些发达国家为了保护本国农畜产品市场，利用非关税壁垒措施来阻止国外尤其是发展中国家农畜产品进入本国市场，其中动植物检疫就是一种隐蔽性很强的技术壁垒措施。由于 WTO/TBT 协定对动植物检疫措施的约束力不够，要求不够具体，因此在“乌拉圭回合”谈判中，许多国家提议制定了《实施动植物卫生检疫措施协定》（Agreement on the Application of Sanitary and Phytosanitary Measures，以下简称 SPS 协定），它对国际贸易中的动植物检疫提出了具体的严格要求。

SPS 协定规定：各国政府可以采取强制性卫生措施保护本国人民健康，免受进口食品带来的危害，不过采取的卫生措施必须建立在风险评估的基础上，也就是贸易壁垒的设定必须以科学的人类健康风险评估为基础。SPS 协定要求成员方应确保 SPS 协定是参考相关国际组织制定的风险评估技术，在适当的条件下以对人类、动物和植物的生命或健康进行的风险评估为依据而制定的。WTO 规定，在 SPS 协定领域，有关食品安全方面的问题将全面采用联合国粮食及农业组织（Food and Agriculture Organization，FAO，简称粮农组织）和世界卫生组织（World Health Organization，WHO）（FAO/WHO）下属的国际食品法典委员会（Codex Alimentarius Commission，CAC）所制定的标准。1991 年，联合国粮食及农业组织、世界卫生组织和关贸总协定联合召开了“食品标准、食品中的化学物质与食品贸易会议”（FAO/WHO Conference on Food Standards，Chemicals in Food and Food Trade），建议 CAC 在制定政策时应采用风险评估原理，1991 年和 1993 年举行的第 19 届和第 20

届 CAC 大会同意采用这一工作程序。1994 年，第 41 届 CAC 执行委员会会议建议 FAO 与 WHO 就风险分析问题联合召开会议。根据这一建议，1995 年 3 月在 WHO 总部日内瓦召开了 FAO/WHO 联合专家咨询会议，会议最终形成了一份题为“风险分析在食品标准问题上的应用”的报告。这次会议成为国际食品安全风险分析领域的一个里程碑。该报告根据 SPS 协定的基本精神，将有关的术语进行了重新界定。报告中所使用的“风险分析”的概念，相当于 SPS 协定中“风险评估”的概念；而使用的“风险评估”的概念，则比 SPS 协定中“风险评估”的概念的范围要窄。报告认为，风险分析应包括风险评估、风险管理和风险交流三个部分，同时对风险评估的方法及风险评估过程中的不确定性和变异性进行了讨论。该报告一经问世便立即受到各方面的高度重视。1995 年，CAC 要求下属所有有关的食品法典分委员会对这一报告进行研究，并将风险分析的概念应用到具体的工作程序中。另外，FAO 与 WHO 就风险管理和风险情况交流问题召开了 FAO/WHO 联合专家咨询会议。1997 年 1 月，FAO/WHO 联合专家咨询会议在 FAO 总部罗马召开，会议提交了《风险管理与食品安全》报告，规定了风险管理的框架和基本原理。1998 年 2 月，在罗马召开了 FAO/WHO 联合专家咨询会议，会议提交了《风险情况交流在食品标准和安全问题上的应用》报告，对风险情况交流的要求和原则进行了规定，同时对进行有效风险情况交流的障碍和策略进行了讨论。至此，有关食品安全风险分析原理的基本理论框架已经形成。

延伸阅读

国际食品法典委员会（Codex Alimentarius Commission，CAC），名称源自拉丁文，其中 Codex 意为表册、簿籍、案卷、法典等；Alimentarius 意为卫生者、可供食料者。国际食品法典委员会（CAC）是由联合国粮食及农业组织（FAO）和世界卫生组织（WHO）共同建立，以保障各国消费者的健康安全和确保国际食品贸易公平为宗旨的一个制定国际食品标准的政府间组织。CAC 制定的标准为各国食品标准的制定提供重要的科学依据。自 1961 年第 11 届联合国粮农组织大会和 1963 年第 16 届世界卫生大会分别通过了创建 CAC 的决议以来，已有 188 个成员国和 1 个成员组织（欧盟）加入该组织，覆盖全球 98%的人口。CAC 成员方参照和遵循 CAC 标准，可避免重复性工作，减少国际食品贸易摩擦，促进贸易的公平和公正。

FAO：联合国系统内最早的常设专门机构，各成员方间讨论粮食和农业问题，其宗旨是提高人民的营养水平和生活标准，改进农产品的生产和分配，改善农村和农民的经济状况，促进世界经济的发展并保证人类免于饥饿。1943 年 5 月，根据美国总统 F. D. 罗斯福的倡议，在美国召开有 44 个国家参加的粮农会议，决定成立粮农组织筹委会，拟订粮农组织章程。

1945 年 10 月 16 日，粮农组织在加拿大魁北克正式成立，1946 年 12 月 14 日成为联合国专门机构，总部设在意大利罗马，目前拥有超过 193 个成员方。

WHO：联合国下属的一个专门机构，总部设在瑞士日内瓦，只有主权国家才能参加，是国际上最大的政府间卫生组织。世界卫生组织的宗旨是使全世界人民获得尽可能高水平的健康。世界卫生组织的主要职能包括：促进流行病和地方病的防治；提供和改进公共卫生、疾病医疗和有关事项的教学与训练；推动确定生物制品的国际标准。

FAO/WHO 设立了三个联合专家咨询委员会，即联合国粮食及农业组织/世界卫生组织食品添加剂联合专家委员会（Joint FAO/WHO Expert Committee on Food Additives，JECFA）、联合国粮食及农业组织/世界卫生组织农药残留联合会议（Joint FAO/WHO Meeting on Pesticide Residues，JMPR）、联合国粮食及农业组织/世界卫生组织微生物风险评估联合专家会议（Joint FAO/WHO Expert Meeting on Microbiological Risk Assessment，JEMRA）。上述三个机构的职能主要包括以下三个方面：①为国际机构或组织提供关于危害及风险评估方面的技术成果和咨询服务，这些成果均可通过互联网进行资源共享；②为 CAC 制定标准提供科学的风险评估依据；③为 WTO 提供风险评估结论，旨在辅助国际贸易纠纷的仲裁。当国际上发生贸易纠纷需要依靠科学的风险评估做出判定时，WTO 就将存在纠纷的提议提交给 CAC，CAC 将问题收集并报送给 FAO/WHO，FAO/WHO 下属的评估机构进行风险评估，最后将结论返回给 CAC 各相关分委员会，由分委员会制定相应标准后提供给 WTO 执行。

延伸阅读

联合国粮食及农业组织/世界卫生组织食品添加剂联合专家委员会（JECFA）是由联合国粮食及农业组织（FAO）和世界卫生组织（WHO）共同管理的国际科学专家委员会。自 1956 年以来一直在研究、评估食品添加剂的安全性。现在其工作还包括对食品中的污染物、天然存在的毒物和兽药残留的评估。迄今为止，JECFA 已评估了 2600 多种食品添加剂，约 50 种污染物和天然毒物，以及 75 种兽药残留。JECFA 还制定了符合当前风险评估思路的食品安全评估原则，并考虑到毒理学和其他相关科学领域的最新进展，如流行病学、生物技术、暴露评估、食品化学（包括分析化学）及兽药最高残留限量方面的评估，制定了食品中化学品的安全评估原则。JECFA 通常每年举行两次会议，其主题包括：①食品中的食品添加剂、污染物和天然存在的毒物；②食品中的兽药残留物。根据会议主题的不同，与会专家组及成员有所不同。更多信息请登录以下网址查询：http://www.who.int/foodsafety/areas_work/chemical-risks/jecfa/en/。

联合国粮食及农业组织/世界卫生组织农药残留联合会议（JMPR）是由联合国粮食及农业组织和世界卫生组织共同管理的专门机构。JMPR 自 1963 年以来每年都会进行食品中农药残留的科学评估，它提供关于在国际贸易中食品中农药残留可接受水平的建议。JMPR 由专家组成，各专家作为独立的国际认可专家，以个人身份行事，而不是国家政府的代表。目前的 JMPR 包括世界卫生组织核心评估小组和联合国粮食及农业组织粮食和环境中农药残留问题专家小组。世界卫生组织核心评估小组负责审查农药毒理学数据，并估计可接受的每日允许摄入量（acceptable daily intake，ADI）、急性参考剂量（acute reference dose，ARfD）和其他毒理学标准。联合国粮食及农业组织粮食和环境中农药残留问题专家小组负责审查食品和饲料中的农药残留数据并估算最高残留限量（maximum residue limit，MRL）和监管试验残留中值（supervised trials median residue，STMR）。国际食品法典农药残留委员会（Codex Committee on Pesticide Residues，CCPR）建议最高残留限量由国际食品法典委员会（CAC）审议。JMPR 的评审结果作为国际贸易中流通的食品和农产品最高残留限量的基本依据，被推荐给 CCPR，若被 CAC 采纳，将作为法典最高残留限量。更多信息请登录以下网址查询：http://www.fao.org/agriculture/crops/thematic-sitemap/theme/pests/jmpr/en/。

联合国粮食及农业组织/世界卫生组织微生物风险评估联合专家会议（JEMRA）于 2000 年，为响应国际食品法典委员会、联合国粮食及农业组织和世界卫生组织成员方的要求，以及对微生物食品安全风险的科学咨询意见越来越多的需求而成立。JEMRA 旨在发展和优化微生物风险评估（microbiological risk assessment，MRA）的实用性，作为制定食品安全行动和决策的工具，并使发展中国家和发达国家机会均等。微生物风险管理是一个动态过程，使用随时间变化的数据和决策参数。由于微生物食品安全问题引起了风险管理者的关注，因此需要制定一个系统的初步步骤，将特定问题纳入考虑，并指导进一步的行动。在食品安全风险管理中使用微生物风险评估是一个仍在发展的领域。要使 MRA 成为一个真正有用的决策支持工具，风险管理者需要了解何时及如何使用它。更多信息请登录以下网址查询：http://www.who.int/foodsafety/micro/jemra/en/。

由以上分析不难看出，风险分析在 WTO 工作中的作用至关重要，已经成为世界各国采取进出口食品监管措施的基础和依据，是国际通行的做法和发展趋势。食品安全风险分析理论已经成为国际食品贸易中相关标准制定的原则和方法，也就是说，在 WTO 框架下，各个国家要参与食品国际贸易必须要遵循食品安全风险分析理论，并采用相关技术。风险分析体系的建立为各国在食品安全领域建立合理的贸易壁垒提供了一个具体的操作模式。按照目前的发展趋势，风险分析很可能成为将来制定食品安全政策、解决一切食品安全事件的总模式，同时还将指导设计进出口检验体系、食品放行或退货标准，监控和调查程序，提供制定有效管理策略的信息，以及根据食品危害类别全面分配食品安全管理资源等。有关的理论也正在不断地发展和完善，全面、完整、准确地学习和应用风险分析理论是大势所趋。只有全面地参与CAC的决策和标准的制定、修订工作，才能真正最大限度地维护本国利益，并在未来食品贸易中处于有利地位。

二、食品安全风险分析在国内食品安全监管中的重要作用

2009年我国颁布实施，并于2018年最新修正的《中华人民共和国食品安全法》（以下简称《食品安全法》）在我国初步构建了基于风险分析框架的食品安全保障体系。《食品安全法》第二章明确规定，建立食品安全风险监测和风险评估国家制度，作为食品安全国家标准制定、食品安全风险警示和食品安全控制措施的科学依据。第二十一条规定，食品安全风险评估结果是制定、修订食品安全标准和实施食品安全监督管理的科学依据。此条贴切、准确地表述了食品安全风险分析理论在国内食品安全监管中的重要作用。我国的食品安全法规和标准要与国际标准接轨，必须采用食品安全风险分析理论和技术。以下将从食品安全风险评估结果是制定与修订食品安全标准的科学依据，也是对食品安全实施监督管理的科学依据两个方面加以详细阐释。

（一）食品安全风险评估结果是制定与修订食品安全标准的科学依据

1. 标准的概念与作用

食品安全标准是指为了对食品生产、加工、流通和消费（即“从农田到餐桌”）整个食品链全过程中影响食品安全和质量的各种要素，以及各关键环节进行控制和管理，经各相关方协商一致制定并由公认机构批准，共同使用和重复使用的一种规范性文件。

《食品安全法》第四条规定，食品生产经营者对其生产经营食品的安全负责。食品生产经营者应当依照法律、法规和食品安全标准从事生产经营活动，保证食品安全，诚信自律，对社会和公众负责，接受社会监督，承担社会责任。因此，食品安全标准是强制执行的标准，内容包括以下9个方面。

（1）食品相关产品中的致病性微生物、农药残留、兽药残留、重金属、污染物质及其他危害人体健康物质的限量规定。

（2）食品添加剂的品种、使用范围、用量。

（3）专供婴幼儿的主辅食品的营养成分要求。

（4）对与食品安全、营养有关的标签、标识、说明书的要求。

（5）食品生产经营过程的卫生要求。

（6）与食品安全有关的质量要求。

（7）食品检验方法与规程。

（8）其他需要制定为食品安全标准的内容。

（9）食品中所有的添加剂必须详细列出。

2. 我国食品安全标准现状

《食品安全法》出台之前我国标准领域存在诸多问题，如标准缺失；不同部门出台的标准存在矛盾现象；标准陈旧，更新慢；标准执行不够好；违法行为惩罚力度不够等。

技术法规和标准滞后使得食品安全风险增大。WTO/TBT 协定推荐缔约方尽可能地采用国际标准。但在制定与修订国际标准方面，目前基本上被发达国家所垄断，甚至先有发达国家的标准，然后由其发展成国际标准。在采用国际标准方面，20 世纪 80 年代初，英、法、德等国家标准采用国际标准的已达到 80%，日本新制定的国家标准有 90%以上采用国际标准，而中国的国家标准只有 40%左右采用了国际标准。

标准制定与修订程序：食品安全国家标准由中华人民共和国国家卫生和计划生育委员会（简称国家卫生计生委，2018 年 3 月改为中华人民共和国国家卫生健康委员会）负责制定。制定食品安全国家标准，应当依据食品安全风险评估结果并充分考虑食用农产品质量安全风险评估结果，参照相关的国际标准和国际食品安全风险评估结果，广泛听取食品生产经营者和消费者的意见，并经食品安全国家标准审评委员会审查通过。

3. 我国食品安全标准中的食品安全风险监测与评估

食品安全风险评估过程中往往需要用到大量通过风险监测获得的监测数据，《食品安全法》第二章中对食品安全风险监测和评估做出了如下规定。

第十四条　国家建立食品安全风险监测制度，对食源性疾病、食品污染以及食品中的有害因素进行监测。

国务院卫生行政部门会同国务院食品安全监督管理等部门，制定、实施国家食品安全风险监测计划。

国务院食品安全监督管理部门和其他有关部门获知有关食品安全风险信息后，应当立即核实并向国务院卫生行政部门通报。对有关部门通报的食品安全风险信息以及医疗机构报告的食源性疾病等有关疾病信息，国务院卫生行政部门应当会同国务院有关部门分析研究，认为必要的，及时调整国家食品安全风险监测计划。

省、自治区、直辖市人民政府卫生行政部门会同同级食品安全监督管理等部门，根据国家食品安全风险监测计划，结合本行政区域的具体情况，制定、调整本行政区域的食品安全风险监测方案，报国务院卫生行政部门备案并实施。

第十五条　承担食品安全风险监测工作的技术机构应当根据食品安全风险监测计划和监测方案开展监测工作，保证监测数据真实、准确，并按照食品安全风险监测计划和监测方案的要求报送监测数据和分析结果。

第十八条　有下列情形之一的，应当进行食品安全风险评估。

（一）通过食品安全风险监测或者接到举报发现食品、食品添加剂、食品相关产品可能存在安全隐患的。

（二）为制定或者修订食品安全国家标准提供科学依据需要进行风险评估的。

（三）为确定监督管理的重点领域、重点品种需要进行风险评估的。

（四）发现新的可能危害食品安全因素的。

（五）需要判断某一因素是否构成食品安全隐患的。

（六）国务院卫生行政部门认为需要进行风险评估的其他情形。

第二十一条　食品安全风险评估结果是制定、修订食品安全标准和实施食品安全监督管理的科学依据。

经食品安全风险评估，得出食品、食品添加剂、食品相关产品不安全结论的，国务院食品安全监督管理等部门应当依据各自职责立即向社会公告，告知消费者停止食用或者使用，并采取相应措施，确保该食品、食品添加剂、食品相关产品停止生产经营；需要制定、修订相关食品安全国家标准的，国务院卫生行政部门应当会同国务院食品安全监督管理部门立即制定、修订。

（二）食品安全风险评估结果是对食品安全实施监督管理的科学依据

1. 食品安全风险评估结果是风险预警提出的科学依据

《食品安全法》第二章第二十二条规定，国务院食品安全监督管理部门应当会同国务院有关部门，根据食品安全风险评估结果、食品安全监督管理信息，对食品安全状况进行综合分析。对经综合分析表明可能具有较高程度安全风险的食品，国务院食品安全监督管理部门应当及时提出食品安全风险警示，并向社会公布。

食品安全风险预警是食品安全风险分析理论的重要体现，食品安全风险的早期预警，特别是对突发食品安全风险的预警是食品安全管理的重要内容。风险预警是食品安全风险分析理论中对食品安全风险进行管理的重要一环。目前世界各国都把食品安全风险的预警，特别是突发食品安全风险的预警作为防控食品安全问题的重要手段。建立有效的预警体系是监管突发食品安全风险的先决条件，已经成为各国的共识。只有对食品链中潜在的食品安全风险进行早期识别，才有可能制定相应的风险管理措施来防控突发食品安全风险。目前，世界各国和国际组织已经建立了一些预警体系来进行突发食品安全风险的早期识别，如欧盟的食品和饲料快速预警系统（Rapid Alert System for Food and Feed，RASFF）、加拿大的全球公共卫生智能网络（Global Public Health Intelligence Network，GPHIN）、中国的食品安全快速预警与快速反应系统（Rapid Alert and Response System for Food Safety，RARSFS）等。这些预警体系建立的原理是基于分析已知的食品安全风险形成的关键因素来进行风险预警，其本质是关于风险信息的平台。

延伸阅读

欧盟的食品和饲料快速预警系统（RASFF）：主要针对各成员方内部由食品不符合安全要求或标示不准确等原因引起的风险和可能带来的问题及时通报各成员方，使消费者避开风险的一种安全保障系统。其目的是保护消费者免受食品消费中可能存在的风险的危害，以及在欧盟成员方及欧盟委员会之间及时交流风险信息。RASFF 对各成员方之间协调立场、采取措施、防范风险、抵御危害起到了重要的作用。

加拿大的全球公共卫生智能网络（GPHIN）：是一项前沿的计划，利用互联网和全新的全天候全球卫生事件新闻报道，创建的一种独特的风险监测形式。GPHIN 创造的监测技术打破了疫情通报的国界，同时为全球疫情响应创造了新的可能。通过在全球传染病监测新兴机构中引入新闻，GPHIN 有效应对了全球媒体对国家官方疫情报告的挑战，提高了国际公共卫生的有效性和可信度。

中国的食品安全快速预警与快速反应系统（RARSFS）：为实现我国食品安全监管从被动向主动应对的转变，提高食品安全监管工作的科学性和有效性，国家质量监督检验检疫总局（2018 年 3 月改为中华人民共和国国家市场监督管理总局）食品生产监管司 2006 年启动了“食品安全快速预警与快速反应系统”建设工作。中国标准化研究院食品与农业标准化研究所承担了“食品安全快速预警与快速反应系统”的研究与开发任务，目前该系统的建设工作已初见成效。该系统的目标是实现全国食品安全海量数据的快速采集、筛选、统计和分析，食品安全问题的快速发现、快速报告和快速处理，食品安全突发事件上报与处理，食品安全预警应对决策支持，食品安全信息发布、任务下达等功能。

2. 食品安全风险评估结果是监管资源合理分配的依据

依据风险评估的结果可实现对食品安全风险的分类分级，突出需要监管的重点，从而可使监管资源的分配更加科学合理。

3. 食品安全风险评估结果是食品安全社会共治的需要

通过对食品安全本质和内涵的分析，可得出以下结论：食品安全不存在零风险，即没有绝对的安全标准和安全方式；食品安全风险应在可接受的范围之内；不断研究和寻找已知及未知的食品安全风险源，评估其危害的程度与可能，是预防和化解食品安全问题的根本途径；及时、全面、科学地传达食品安全信息，才能妥善处置食品安全事故，减少食品安全危害，化解群众恐慌心理。

第二节　食品安全风险分析的理论框架及世界各国的食品安全风险监管机制

一、食品安全风险分析的基本概念与理论框架

1. 风险分析理论的基本概念

风险的定义是讨论风险分析的起点。风险是指暴露某种特定因子后，在特定条件下对组织、系统或人群（或亚人群）产生有害作用的概率。风险也指某种特定危险事件（事故或意外事件）发生的可能性和后果的组合。人类生存在这个地球上，安全是第一需要，安全的定义是“防范潜在的危险”。所谓的危险就是可能造成伤害或破坏的根源，或者是可能导致伤害或破坏的某种状态。在社会活动中发生一些危险是难免的，一般来说，如果遭遇某种危险的概率低于十万分之一，属于低风险，我们稍加提防就能坦然处之；如果危险概率较高，我们就必须采取适当的防范措施。风险的大小一般用概率来表示：以 0～100%来表示，数值越大表示风险越大，其中 0 表示不存在任何风险，100%表示肯定发生。风险是可以人为地加以控制的，即对风险进行分析，根据风险的高低采取相应的风险管理措施去控制或者降低风险。风险分析的应用范围很广，如金融、投资、保险、工程项目、生态与环境保护、人类健康与安全、微生物等领域。对食品安全进行的风险分析仅仅是风险分析这个概念下的一个具体应用领域。

在风险分析理论中与风险相对应的一个概念是危害。危害通常是指“可能对人体健康产生不良后果的因素或状态”。食品安全危害是指“食品中存在或因条件改变而产生的对健康有不良作用的生物的、化学的和物理的因素”。生物性危害主要包括细菌、真菌、病毒、寄生虫等；化学性危害是指食用后能引起急性中毒或慢性积累性伤害的化学物质，包括天然存在的、残留的、加工过程中人为添加的或偶然污染的化学物质，如农药残留、兽药残留、天然毒素、食品添加剂等；物理性危害是指食用后可导致物理性伤害的异物，如玻璃、金属等。所谓“食品安全风险”就是由食品中的危害物产生不良作用的可能性和严重性。

风险和危害是食品安全风险分析中最基础的两个概念，由其定义可知，危害是对人类健康或环境产生不良作用的原因；风险是对危害是否发生作用，以及发生不良作用的程度的判定。

2. 食品安全风险分析的理论框架

食品安全风险分析就是对食品链中的风险进行评估，进而根据风险程度采取相应的风险管理措施去控制或降低风险，并且在风险评估和风险管理的全过程中保证风险各相关方保持良好的风险交流状态。食品安全风险分析基于“从农田到餐桌”的全过程控制理念，着重于事前的预防、预警和过程控制，通过对不同危害的风险

评估，制定相应的管理措施，把食品链的风险控制到一个可接受的水平。风险分析是一个结构化的过程，其理论框架包括风险评估、风险管理和风险交流三个组成部分。食品安全风险分析的理论框架以及食品安全风险控制技术系统工作流程图分别如图 1.1 和图 1.2 所示。

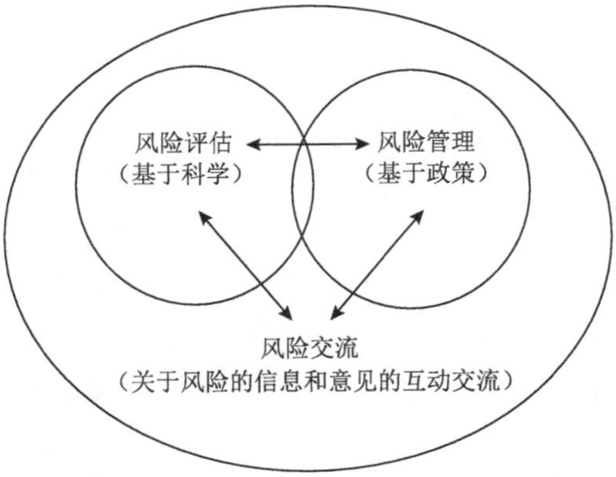

图 1.1　食品安全风险分析的理论框架（引自：宋怿，2005）

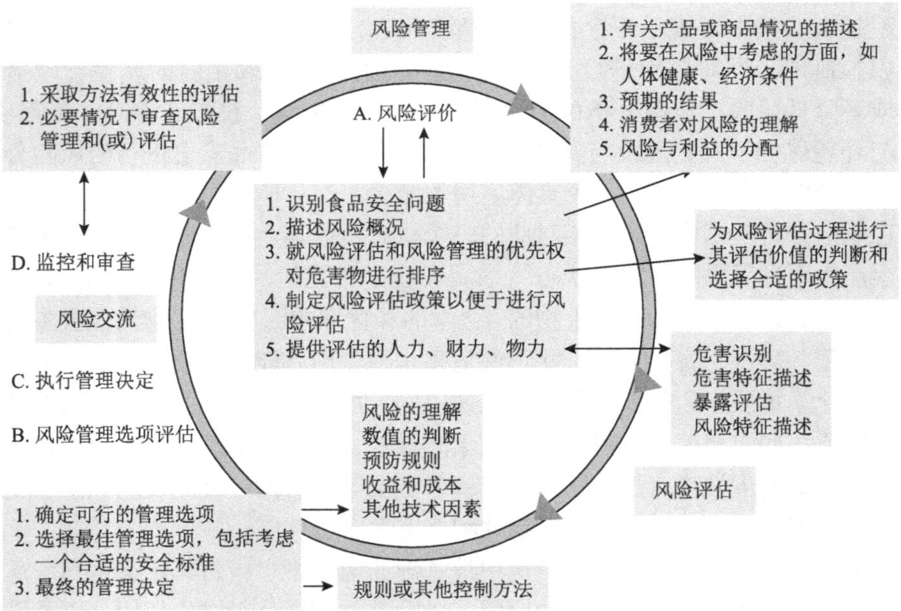

图 1.2　食品安全风险控制技术系统工作流程图（引自：王大宁，2004）

风险评估（risk assessment）：是指对人体因接触食源性危害而对健康产生的已知或潜在的不良影响的科学评估，是一种系统地组织科学技术信息及不确定性信息，来回答关于健康风险的具体问题的评估方法。风险评估要求对相关资料进行评价，并选择合适的模型对资料做出判断。同时，要明确地认识其中的不确定性，并在某些情况下承认根据现有资料可以推导出科学上合理的不同结论。风险评估旨在确定与食品相关的风险程度，基于科学原理的风险评估通常包括危害识别、危害特征描述、暴露评估和风险特征描述 4 个步骤。通过这些步骤获得综合信息，并根据有害事件发生的可能性以及后果的严重性，来估计健康和安全的风险情况。

风险管理（risk management）：是指依据风险评估的结果，权衡管理决策方案，并在必要时，选择并实施适当的管理措施（包括制定规则），尽可能有效地控制食品风险，从而保障公众健康的过程。风险管理分两步进行：第一步是在风险概述的基础上，对需要进行风险评估的食品及危害物做出具体的风险评估要求；第二步是依据风险评估的结果，对决策方案进行权衡管理，在必要时选择并实施适当的控制措施，其产生的结果就是制定食品安全标准、准则和其他建议性措施。

风险交流（risk communication）：是指在风险评估者、风险管理者、消费者和其他有关各方之间进行的，有关风险及与风险相关各因素的信息和观点的交流过程。内容包括对风险评估结果的解释和风险管理决定的依据等。在风险分析的三个组成部分中，风险交流是最新的一个，往往会被忽视。在实际运行时，风险管理者和风险评估者经常处于一个相对封闭的过程中，而且他们往往认为风险分析过程主要由政府管理者和专家来完成，其他利益相关方和普通大众参与较少。因此，风险交流的目的就是要在整个风险分析的过程中，通过互动式、双向的风险信息的交流和互换，来保证各个利益相关方都能参与到风险管理和风险评估的过程中，提高大众对风险管理决策的知情权和参与权。

在食品安全风险分析过程中，上述三个部分看似独立存在，其实三者是一个高度统一融合的整体。在这一过程中，包括风险管理者和风险评估者在内的各个利益相关方通过风险交流进行互动，由风险管理者根据风险评估的结果以及与利益相关方交流的结果制定出风险管理措施，并在执行风险管理措施的同时，对其进行监控和评估，随时对风险管理措施进行修正，从而达到对食品安全风险的有效管理。

二、世界各国及国际组织的食品安全风险监管机制

由于食品安全风险受多方面因素的影响，并且各个国家或地区的经济社会发展水平与食品链供应体系不尽相同，这就要求各个国家在应用风险分析理论时，必须结合本国具体情况，制定适合本国国情的食品安全风险分析的实施框架。目前，许多国家和地区已经建立了基于食品安全风险分析理论的食品安全管理机制（机构）及食品安全风险分析方法。根据食品安全风险分析理论框架的三个组成部分，即风险评估、风险管理和风险交流，许多国家成立或指定相应的部门来负责各部分的工作，最后形成一个完整的食品安全管理决策机制。

美国实施风险分析的部门涉及美国农业部（United States Department of

Agriculture，USDA）、美国国家环境保护局（United States Environmental Protection Agency，USEPA，简称美国国家环保局）及食品药品监督管理局（Food and Drug Administration，FDA）等。食品药品监督管理局下的食品安全与应用营养学中心（Center for Food Safety and Applied Nutrition，CFSAN）等均成立了风险分析工作组，其成员来自政府或非政府专家，共同承担相关领域的风险评估。美国农业部负责风险评估的机构主要是其下属的食品安全检验局（Food Safety and Inspection Service，FSIS）。同时为进一步规范和加强各部门之间及部门内部的协作，使风险分析得到更有效的执行，利用最好的科学资源，美国农业部于 2003 年建立了食品安全风险评估委员会，旨在对长期性风险分析给予更多的重视和制订出更好的计划。

延伸阅读

国家层面上，美国食品安全管理机构主要有：①食品药品监督管理局（FDA），负责除肉类和家禽产品以外的国内和进口食品的安全，以及制定畜产品中兽药残留最高限量的法规和标准；②美国农业部（USDA），负责肉类和家禽食品的安全，并被授权监督执行联邦食用动物产品安全法规。

FDA 下属的食品安全与应用营养学中心（CFSAN）是风险分析程序的主要实施者，其活动通过风险管理、风险评估和风险交流团队完成。风险分析活动各团队功能上是相互独立的，但通常以经常性、规则性的互动开展工作。

USDA 的食品安全检验局（FSIS）是美国农业部风险分析程序的主要实施者。在 FSIS，整个风险分析活动均处于标准操作程序之下。FSIS 的风险分析程序也需要风险评估、风险管理和风险交流三个团队的有效协作，每个团队均有各自的职责和功能。

美国政府已经完成了首例“从农田到餐桌”的食品微生物风险评估的模型，即蛋和蛋制品中 *Salmonella enterica*（肠炎沙门氏菌）的风险评估，开展了牛肉中的 *E. coli* O157:H7 的风险评估，并与哈佛大学就疯牛病通过食品传播的风险评估达成合作协议。美国还对多种即食食品进行了 *Listeria monocytogenes*（单增性李斯特菌）的风险分析。

欧盟在 2000 年发布了《食品安全白皮书》，明确了欧盟食品安全管理体系的框架，并于 2002 年颁布欧盟 178/2002（EC）号法令，同时成立了欧洲食品安全局（European Food Safety Agency，EFSA）。随着欧洲食品安全局的成立，欧盟基本形成了欧洲议会、欧洲理事会及各成员方政府作为风险管理者，欧洲食品安全局负责风险评估和风险交流的食品安全管理机制，这一机制中成立了欧盟层面的风险评估机构，欧洲食品安全局的成立使欧盟对食品安全风险进行评估成为可能。

延伸阅读

欧洲食品安全局（EFSA）是一个独立的机构，资金来源于欧盟预算，在行政上不隶属于欧盟任何其他机构。它通过收集信息来帮助预测风险，并就人类营养、动植物健康和转基因食品等相关问题提供意见。欧洲食品安全局是欧盟最主要的食品和饲料安全风险评估机构，居于欧盟食品安全监管体系的核心地位，独立承担风险评估和风险交流两个领域的工作。

欧盟的食品安全风险分析机构还有欧盟委员会健康和消费者保护总署、欧盟食品与兽药办公室。欧盟委员会健康和消费者保护总署主要负责欧盟法律议案的提议、法律法规的执行、条约的保护及欧盟保护措施的管理，并指定欧盟食品与兽药办公室负责监督各成员方执行欧盟相关立法的情况及第三国进口到欧盟的食品安全情况。

日本也已形成了完整的基于食品安全风险分析理论框架的食品安全管理机制。2003 年日本成立了食品安全委员会，主要负责食品安全风险评估和风险交流工作，承担食品安全风险评估和协调工作。委员会下设“专门委员会”，负责对食品添加剂、农药、动物用医药品、器具及容器包装、化学物、污染物、微生物、病毒、霉菌及天然毒素，以及转基因食品、新开发食品等的风险评估。日本的食品安全风险管理者是厚生劳动省和农林水产省。厚生劳动省的医药食品局下设的食品安全部，负责食品在加工和流通环节的质量安全监管；制定食品中农药、兽药最高残留限量标准和加工食品卫生安全标准；对进口农产品和食品的安全进行检查；核准食品加工企业的经营许可。农林水产省下设的消费安全局负责国内生鲜农产品及其粗加工产品在生产环节的质量安全管理；对农药、兽药、化肥、饲料等农业投入品在生产、销售与使用环节进行监管；实施进口动植物检疫；开展国产和进口粮食的质量安全性检查；实施国内农产品品质、认证和标识的监管；推广危害分析和关键控制点（hazard analysis and critical control point，HACCP）方法在农产品加工环节中的应用；负责流通环节中批发市场、屠宰场的设施建设；负责农产品质量安全信息的收集、沟通等。2009 年日本专门成立了消费者厅，负责与公众的风险交流工作。

延伸阅读

日本政府主管食品安全的部门为消费者厅、食品安全委员会、厚生劳动省和农林水产省。这四个部门形成了日本中央政府监管食品安全机构的框架。其中，食品安全委员会享有统筹指导职权，主要负责食品安全风险的收集、统计、分析以及制定食品安全政策等工作；厚生劳动省和农林水产省享有具体的行政执法权限，相互配合，共同对农业、畜牧业、进口食品等食品安全领域进行监管；消费者厅为补充，主要处理与消费者相关的食品安全保护事务。在日本，食品安全管理部门各司其职，共同参与，共同管理，责任共担。中央部门负责食品安全行政、风险监控及风险分析，制定食品安全法律法规和年度监控指导计划，对进口食品实施监控检查或处罚，组织信息交流，普及食品安全知识，以及宣传食品安全工作。

日本的食品安全主要依靠都、道、府、县等地方行政管理部门监管，地方政府设有517个保健所。厚生劳动省在地方设有地方厚生局及检疫所。农林水产省在地方设有地方农政局。进口食品主要依靠厚生劳动省监管。日本要求食品相关从业者遵守食品卫生法，负起食品安全的第一责任，掌握和提高食品生产加工等技术，实施自主检查。消费者则被要求学习掌握必要的食品安全知识。由此，在日本形成了政府、从业者、消费者“共同管理、责任共担”的食品安全管理机制。

一些国际组织也建立了相应的食品安全管理机制，最权威的如CAC，主要通过下设的各个专业委员会来行使职能。例如，食品添加剂和污染物、食品标签和农药残留等专家委员会负责风险管理和风险交流工作，具体的风险评估工作则由JECFA、JEMRA和JMPR来完成。由于CAC是一个拥有众多成员方的国际组织，其一般的工作流程是各成员方建议CAC制定某项食品安全标准，然后交由专家委员会进行风险评估，提出相应的标准，最后交由CAC大会通过标准。

我国《食品安全法》对食品安全监管机制进行了较大调整，确立了依法实施食品安全风险监测和风险评估的国家制度，建立了食品安全风险评估专家委员会、食品安全国家标准审评委员会和国家食品安全风险评估中心（China National Center for Food Safety Risk Assessment，CFSA），实现了以科学为基础的风险评估与以政策为基础的风险管理的功能分离。2018年对《食品安全法》进一步修订后，更加突出了预防为主、风险防范的理念，进一步完善了食品安全风险监测、风险评估制度，增设了责任约谈、风险分级管理等重点制度，表明我国食品安全风险分析工作进入了法制化的轨道。由国家卫生健康委员会负责国家食品安全风险监测和风险评估工作，评估结果作为制定食品安全国家标准的科学依据；农业部（2018年3月改为中华人民共和国农业农村部）、国家工商行政管理总局、国家质量监督检验检疫总局和国家食品药品监督管理总局（2018年3月将后三者与国家其他部分职责整合为中华人民共和国国家市场监督管理总局）对食品供应链进行分段管理，自此以食品安全风险分析理论框架为基础的食品安全监管机制在架构上便形成了。

延伸阅读

食品安全风险评估，他们在行动！

1. 国家食品安全风险评估中心

国家食品安全风险评估中心是经中央机构编制委员会办公室批准、直属于国家卫生健康委员会的公共卫生事业单位，成立于2011年10月13日。国家食品安全风险评估中心是负责食品安全风险评估的国家级技术机构，紧密围绕“为保障食品安全和公众健康提供食品安全风险管理技术支撑”的宗旨，承担着“从农田到餐桌”全过程食品安全风险管理的技术支撑任务，服务于政府的风险管理，服务于公众的科普宣教，服务于行业的创新发展。

国家食品安全风险评估中心的主要职责包括：①开展食品安全风险监测、风险评估、标准管理等相关工作，为政府制定相关的法律、法规、部门规章和技术规范等提供技术咨询及政策建议。②拟订国家食品安全风险监测计划；开展食品安全风险监测工作，按规定报送监测数据和分析结果。③拟订食品安全风险评估技术规范；承担食品安全风险评估相关工作，对食品、食品添加剂、食品相关产品中生物性、化学性和物理性危害因素进行风险评估，向国家卫生健康委员会报告食品安全风险评估结果等信息。④开展食品安全风险评估相关科学研究、成果转化、检测服务、信息化建设、技术培训和科普宣教工作。⑤承担食品安全风险评估、食品安全标准等信息的风险交流工作。⑥承担食品安全标准的技术管理工作。⑦开展食品安全风险评估领域的国际合作与交流。⑧承担国家食品安全风险评估专家委员会、食品安全国家标准审评委员会等机构的秘书处工作。⑨承办国家卫生健康委员会交办的其他事项。

2. 国家食品安全风险评估专家委员会

根据《食品安全法》第十七条规定：“国务院卫生行政部门负责组织食品安全风险评估工作，成立由医学、农业、食品、营养、生物、环境等方面的专家组成的食品安全风险评估专家委员会进行食品安全风险评估。”2009年12月8日，卫生部组建国家食品安全风险评估专家委员会，负责开展我国食品安全风险评估工作。专家委员会由医学、农业、食品、营养等领域的42名专家组成，来自全国大专院校、科研院所等技术机构，涵盖食品加工领域专家、农兽药评估专家、农产品加工领域专家、生产环节监管等方面的专家，包括中国科学院和中国工程院院士4名。陈君石院士任专家委员会主任委员，庞国芳院士和陈宗懋院士担任副主任委员。专家委员会秘书处挂靠在国家食品安全风险评估中心。

国家食品安全风险评估专家委员会主要承担以下职责：①起草国家食

品安全风险监测、评估规划和年度计划，拟定优先监测、评估项目；②进行食品安全风险评估；③负责解释食品安全风险评估结果；④开展食品安全风险交流；⑤承担国家卫生健康委员会委托的其他风险评估相关任务。

3. 食品安全国家标准审评委员会

根据《食品安全法》及其实施条例规定，卫生部于2010年1月组建了第一届食品安全国家标准审评委员会（以下简称第一届审评委员会）。第一届审评委员会由350名委员和20个单位委员组成，卫生部部长陈竺任审评委员会主任委员，卫生部副部长陈啸宏担任常务副主任委员。委员会下设10个专业分委员会。

食品安全国家标准审评委员会主任会议的职责包括：①审议食品安全国家标准；②研究贯彻落实国家食品安全标准工作的重要举措；③审议委员会年度工作报告和工作计划；④审议和修正委员会章程；⑤研究其他重要事项。

各分委员会主要职责是：①审查食品安全国家标准草案的科学性和实用性；②落实主任会议的决议，研究提出本专业领域食品安全国家标准的工作计划；③为食品安全国家标准的重大问题提供咨询；④落实委员会主任委员、常务副主任委员、副主任委员交办的重要工作。

更多关于食品安全标准、风险监测、风险交流、风险评估、国家食品安全风险评估专家委员会和食品安全国家标准审评委员会的最新信息，请登录国家食品安全风险评估中心网站：http://www.cfsa.net.cn/，了解其工作动态。

第三节　食品安全风险分析与其他相关概念的关系

一、食品安全风险分析与有害生物风险分析

SPS协定规定，成员方采取的卫生和动植物检疫措施必须以风险评估为基础。SPS协定的中文名称为“实施动植物卫生检疫措施协议”，该名称中的第一个“卫生”包括人类和动物健康，这样就包括了人类、动物和植物三大部分。食品安全风险分析（food safety risk analysis）是针对人类食源性风险的评估，评估物理性、化学性和生物性的危害物对人类或动物的风险；而有害生物风险分析（pest risk analysis）是对病害、虫害风险的评估，评估由于病害或虫害的传入、定殖及扩散造成的风险，并根据可能采用的SPS措施评价相关潜在的生物学和经济后果。

与食品安全风险分析不同，有害生物风险分析是风险分析理论在动植物保护领域的应用。目前通常所说的有害生物风险分析是指对进出境动植物及其产品等传播有害生物的风险分析，也就是关于外来有害生物随贸易动植物及其产品等传入和因

此造成的危害的风险分析。

在联合国粮食及农业组织（FAO）和国际植物保护公约（International Plant Protection Convention，IPPC）联合制定的 2002 年版的《植物卫生措施国际标准》（International Standard for Phytosanitary Measure，ISPM）中，对有害生物风险分析的定义是："评价生物学或其他科学、经济学证据，确定某种有害生物是否应予以管制及管制所采取的植物卫生措施力度的过程"。有害生物风险分析的核心内容是风险评估和风险管理。有害生物风险评估是指"评价有害生物传入和扩散的可能性及其潜在的经济影响"；有害生物风险管理是指"评价和选择降低有害生物传入和扩散风险的措施"。

有害生物风险评估的主要任务是确定检疫性有害生物名单，以及需要进一步评估的检疫性有害生物名单，并最终明确被进一步评估的检疫性有害生物的风险高低。判断是否为检疫性有害生物的主要依据为是否会导致损失，即具有潜在经济重要性（没有潜在经济重要性的种类也可以不列入有害生物名单，此步骤可省），进口国是否没有发生或局部发生且实施官方防治。最后要综合评估各种生物种类各自风险的高低或大小。确定的依据是进入可能性、定殖可能性、扩散可能性及经济影响。

进入可能性的评估依据主要是出口地发生程度、随水果传带的可能性大小，以及从果实采摘、包装前的处理和加工、储藏、运输，到进入进口国等一系列环节中的具体时间、条件与分析对象的存活、发育互动的可能结果等因素。定殖可能性的评估依据主要是分析对象进入进口国后，进口国的气候条件、寄主和天敌等环境条件能否使分析对象存活、建立种群并繁衍下去。扩散可能性的评估是要评估分析对象自身和借助外部条件扩散蔓延的可能性大小。经济影响是要评估分析对象一旦定殖并扩散开来，产品质量损失、防治费用、贸易损失等构成的经济损失，甚至可能带来的生态环境影响和社会影响。

有害生物风险管理是指确认可以降低风险的管理措施的各种可选择方案，评价这些方案的效率和影响，并决定或推荐可以接受的降低风险的措施。

食品安全风险分析则是针对食品中的危害物，分析其产生不良作用的可能性及强度的过程，包括风险评估、风险管理和风险交流三部分内容。究其根源都是通过风险评估选择合适的风险管理措施以降低风险，同时通过风险交流达到社会各界的认同或使风险管理措施更加完善，这与有害生物风险分析有相似之处。关于食品安全风险分析在此不作赘述，本书将在第二章至第五章进行详细介绍。

二、食品安全风险分析与 HACCP 体系

风险分析与 HACCP 体系是近年来国际食品安全领域经常使用的两个概念。风险分析是通过对影响食品安全质量的各种生物性、物理性和化学性危害进行评估，

定性或定量地描述风险的特征，在参考有关因素的前提下，提出和实施风险管理措施，并对有关情况进行交流，它是制定食品安全标准的基础。HACCP 即危害分析和关键控制点（hazard analysis and critical control point），其作为食品生产、加工、流通中的风险管理策略正在全世界范围内实施并逐步发展。国际标准 CAC/RCP—1《食品卫生通则》1997 年对 HACCP 的定义是："对食品安全性重要危害进行鉴别、评定和控制的一种体系"。该体系通过预计哪些问题最可能出现，以及通过建立预防这些问题出现的有效措施来确保食物在食用时是安全的（即对健康无任何潜在危害）。

1. 食品安全风险分析与 HACCP 体系的区别

食品安全风险分析是制定食品安全标准的科学依据，其特点是对各种食品中的个别危害进行研究，风险分析一般由政府部门和有关科研机构完成。

HACCP 是一种"预防性"的风险管理措施，主要针对食品中的生物性危害和其他危害，它可以帮助食品质量管理部门预测导致食品不安全的因素，并在危害发生之前加以预防。其特点是对单一食品中的多种危害进行研究，一般由企业完成。

2. 食品安全风险分析与 HACCP 体系的联系

建立 HACCP 体系，需要有一个危害评估的步骤，通常是进行定性或定量的观察、检测和评估，用来确定从最初的生产、加工、流通直到消费的每一阶段可能发生的所有危害。食品安全风险分析通常会得出明确的结论，政府以此作为科学依据，实施管理和其他行政措施，向食品生产者指出某种食品危害的类型和性质，帮助其在 HACCP 体系下进行危害评估。

HACCP 管理体系中企业需要识别关键控制点，并建立针对关键控制点的关键限值，而风险评估可以为不同的加工情况提供风险及相关不确定性的评估，并以此为基础确定关键控制点及其关键限值。

风险评估可能成为确定 HACCP 计划中危害因素的基础。风险评估技术有助于在 HACCP 体系中进行危害分析、确定关键控制点和设定关键限值，同时可用来对 HACCP 的实施效果进行评价；风险分析可提供危害的可接受水平（极限值）或产品中危害的可接受程度等信息，并据此实施预防措施、HACCP 计划和卫生条例等。

风险分析研究通常会得出明确的结论，即食品的某一特征是否构成了食品安全危害，以及危害的风险程度。政府实施的管理和其他行政措施是风险分析过程的风险管理部分。风险分析通常向食品生产者指出某种食品危害的类型和性质，帮助其在 HACCP 体系下进行危害分析。食品企业无论规模大小，并不需要进行风险评估，风险评估的过程一般是由政府部门和有关科研机构完成的。

研究食品中各种危害物风险评估的定量方法，将会促进和改善 HACCP 体系的应用。食品安全风险分析与 HACCP 体系的关系见表 1.1。

表 1.1 食品安全风险分析与 HACCP 体系的关系

序号	风险分析	HACCP 体系
1	政府食品安全控制的宏观管理模式	食品生产、加工或销售企业实施的食品安全管理体系
2	官方制定食品安全标准的基础	企业实施的 HACCP 体系，是风险管理措施之一
3	由政府部门及相关科研机构完成	由相关企业完成
4	确定 HACCP 计划中危害因素的基础	在政府风险分析结果的基础上进行危害分析并建立 HACCP 体系
5	促进、改善 HACCP 体系	验证风险分析的结果和作用
6	对多种不同食品中的某一特定危害进行研究	对某一特定食品中的多种不同危害进行研究

思考题

1. 过去主要采用以终端食品检验为主的监管方法来保证食品安全，其弊端是什么？
2. 试述食品安全风险分析的应用范围。
3. 从国际食品贸易中涉及的食品安全管理方面阐述食品安全风险分析理论的产生背景及其重要作用。
4. 从国内食品安全管理方面阐述食品安全风险分析理论的产生背景及其重要作用。
5. FAO/WHO 设立的三个联合专家咨询委员会分别是什么？分别具有哪些职能？
6. 食品安全标准是什么？其主要内容及作用是什么？
7. 为什么说食品安全风险评估结果是对食品安全实施监督管理的科学依据？
8. 简述食品安全风险分析的理论框架。
9. 根据世界各国及国际组织的食品安全风险监管机制，以某一发达国家为例，举例说明该国食品安全监管机制。
10. 简述有害生物风险评估的定义及其主要任务。
11. 简述食品安全风险分析与 HACCP 体系的区别和联系。

主要参考文献

宋怿. 2005. 食品风险分析理论与实践[M]. 北京：中国标准出版社.
王大宁. 2004. 食品安全风险分析指南[M]. 北京：中国标准出版社.
王芳，陈松，钱永忠. 2009. 发达国家食品安全风险分析制度建立及特点分析[J]. 中国牧业通讯，(1): 40-42.
赵学刚，周游. 2010. 欧盟食品安全风险分析体系及其借鉴[J]. 管理现代化，(4): 59-61.
周应恒，彭晓佳. 2005. 风险分析体系在各国食品安全管理中的应用[J]. 世界农业，(3): 4-6.

第二章 风险评估概述

第一节 风险评估简介

风险评估（risk assessment）：指对人体因接触食源性危害而对健康产生的已知或潜在的不良影响的科学评估，是一种系统地组织科学技术信息及其不确定性信息，来回答关于健康风险的具体问题的评估方法。风险评估要求对相关资料做出评价，并选择合适的模型对资料做出判断。同时，要明确地认识其中的不确定性，并在某些情况下承认根据现有资料可以推导出科学上合理的不同结论。

风险评估旨在确定与食品相关的风险程度，并回答以下三个问题：会出现什么问题（情况）？这个问题可能会如何出现（可能性）？如果出现了，会产生什么结果（严重性）？风险评估的过程可以分为 4 个步骤——危害识别、危害特征描述、暴露评估及风险特征描述。根据这些步骤获得的综合信息，以及根据有害事件发生的可能性和后果的严重性，可以用来估计健康和安全的风险情况。

一、风险评估的益处和目标

1. 风险评估的益处

（1）风险评估可以对各种有争议或花费高的风险管理措施进行客观评价。食品安全风险管理实施的成本包括酝酿、制定和实施措施的费用。食品工业界为遵守食品安全管理规定需要投入资金。例如，对于致病菌，管理者制定要求其不得检出的标准，对于企业来说，需要在灭菌包装步骤上投入更多的成本，而管理者同样需要投入一定的人力与物力来对标准的实施进行监管。通过对致病菌进行风险评估，可利用科学的数据和证据评价管理者所制定的风险管理措施，验证措施的合理性。

（2）风险评估能够更加有效地形成一整套保证食品安全的措施，以达到保护消费者的目的。风险评估关注的是整个食品供应链，风险评估可为风险管理措施的制定提供“从农田到餐桌”全方位的科学数据和证据，有助于一整套保证食品安全的措施的建立。风险评估针对的是从生产、加工、流通直到消费的每一阶段，而不仅仅是终端食品安全，有助于“从生产到消费”的食品安全计划的制订。

（3）风险评估有助于基于风险级别的执行标准的制定。通过风险评估，确定危害的风险级别，作为执行标准制定的依据，有的放矢，可使社会资源利用最大化，节约执行成本。

（4）风险评估有助于权衡不同危害物所产生风险的关系。风险评估从生物性、化学性和物理性危害的角度，科学评估可能对人体健康造成不良影响的因素，有助于权衡界定不同危害物所产生的风险因子。

（5）风险评估使具有不同输入数据和食品安全需求的技术与食品安全措施具有等价性。由于食品本身存在品种多样性、物性复杂性等特点，通过风险评估，将所得到的数据进行综合分析，得到的评估结果不仅可作为食品安全需求的技术和食品安全措施的依据，还可作为不同输入数据和食品安全需求的技术与食品安全措施之间的桥梁。

（6）风险评估可以科学地证明严于食品法典标准的进口要求的合理性。我国国家标准中，有部分国家标准在污染物种类、具体食品种类和限量值等方面高于CAC标准。例如，GB 2762—2017《食品安全国家标准　食品中污染物限量》中对重金属镉的标准为0.2mg/kg，而CAC标准为0.4mg/kg。中国居民膳食结构与国外不同，通过食物摄入污染物的量也与国外不同。由于大米是中国居民膳食镉的主要来源，控制大米镉含量几乎能控制1/2的膳食镉暴露量，因此中国大米镉限量严于CAC标准和部分国家的规定。通过对镉的风险评估，根据中国居民的膳食结构，可以更加科学地证明我国食品安全标准制定的合理性。

（7）风险评估可以确定并抓住研究和数据收集需求的重点。风险评估建立在大量的流行病学和毒理学研究的基础上，为了满足风险评估对数据和信息的需求，必须持续、可靠地进行数据采集和供给，及时进行信息和数据的补充和更新，充分支撑风险分析的数据需求。因此通过风险评估，注重收集有用的数据资料，摒弃冗余资料，抓住需求重点。

（8）风险评估是与所有相关方交流风险管理决策的科学依据。风险管理决策制定的结果体现在标准的制定上。食品安全国家标准制定时，风险评估的结果可为其提供科学依据。例如，国内相关方针对大米镉限量的争论持续了两年，但基于风险评估的结果，新国标还是维持在0.2mg/kg，比国际标准更严格。

2. 风险评估的目标

风险评估的理想目标包括：①收集所关注风险问题的相关信息，并对其进行客观评价；②便于相关人员进行风险交流；③有助于对复杂研究对象的深入理解，并使其更便于管理；④为风险管理策略和方案的选择与评价提供有效的工具；⑤明确提供的相关数据和信息的缺陷，便于今后开展相关的研究工作。

二、风险评估的信息来源、分类与方法

1. 风险评估的信息来源

风险评估是食品安全风险管理的重要前提，而风险评估的准确性和科学性则有

赖于相关信息的准确性和充分程度。进行风险评估时，需要对所关注风险问题的相关信息进行收集。信息收集渠道是多元的，只有广泛收集政府机构、企业、学术界、研究者、消费者团体、外国机构或者国际组织等的相关信息，才能做出准确可靠的分析判断。

风险评估的信息还可来源于已有风险评估的国际方法和指南。对某一危害物质的风险评估往往是国际化的，许多国家都需要根据本国国情进行风险评估，从而设立国家标准。借鉴已经开展的风险评估所使用的评估方法和指南，有助于提高风险评估的水平。目前 WHO 已经颁布了一个风险分析的通则，用来指导世界各国的风险分析工作。

政府部门所建立的监测系统可提供日常行政调查所获得的信息，食品安全事故发生时获得的事故单位和医疗机构的报告，发生重大食品安全事故时的调查和流行病学研究，以及进出口食品的风险信息通报，这些信息都可为风险分析提供数据基础。

延伸阅读

根据《中华人民共和国食品安全法实施条例》的规定，国务院农业行政、质量监督、工商行政管理和国家食品药品监督管理等有关部门向国务院卫生行政部门提出食品安全风险评估建议，应当提供风险的来源和性质、相关检验数据和结论、风险涉及范围等有关信息和资料。县级以上地方农业行政、质量监督、工商行政管理、食品药品监督管理等有关部门，应当协助收集食品安全风险评估信息和资料。

目前，可从互联网上获取食品安全风险评估所需信息，涉及的专业数据库主要有期刊文献数据库、有害物质数据库等。期刊文献数据库主要提供期刊文献及学术论文、会议论文、学位论文的查询和阅读。有害物质数据库主要提供食品中可能含有的添加剂、农药兽药残留、重金属、天然毒素等有毒有害物质的性质与特征，以及各个国家对有关物质在不同食品中的残留限量规定等信息。除了以上两个数据库之外，还有微生物菌种数据库和营养成分数据库。网络调查是获得风险评估信息的有效途径，因为风险评估需要大量从公众获得的膳食及流行病方面的统计数据作支持，实地调查耗时长、成本高、操作烦琐；而利用互联网针对某一危害因素进行调查，具有操作方便、成本低、范围广的特点。

延伸阅读

有害物质数据库（Hazardous Substances Data Bank，HSDB）：是建立在美国国立医学图书馆毒理学数据网络上的毒理学数据库。可提供具有潜在危险性的化学物质的毒理学信息，包括人类暴露量、动物毒理实验、药物代谢动力学、工业卫生、应急处理程序、环境归属、监管要求和相关领域。所有的数据均参考或来自书籍、政府文件、技术报告和学术论文。所有词条均经过科学评审小组预审。用户可通过化学物名称、别名、部分名称、CAS号或主题词进行检索。该数据库已收录5000多种化学物质。获取更多信息请登录HSDB官方网站（https://toxnet.nlm.nih.gov/）。

2. 风险评估的分类

从类型上，风险评估可分为危害评估、定性风险评估、定量风险评估几类；从对象上，风险评估可分为化学危害物风险评估和微生物风险评估两大类。

（1）危害评估是指危害物引起不良影响的可能性，包括历史上危害物引起不良影响的证据，以及该危害物发生暴露的可能性。危害评估的局限性在于不能度量风险的大小；缺少信息、假设和人类健康风险之间的联系；风险的概率（可能性）未做考虑；可能存在较大的主观性，逻辑关系不总是很清楚和透明；不能与其他风险问题进行比较。

（2）定性风险评估是依靠先例、经验进行的主观估计和判断，可为决策者提供关于风险的定性判定。对发生风险问题的概率或频率，即可能性，可分类描述为频繁、经常、偶尔、很少、不可能；对风险问题评价的结论，即严重性，可分类描述为灾难性的、严重性的、中度的、可忽略的（表2.1）。

表2.1 定性风险评估表

分类		可能性				
		频繁	经常	偶尔	很少	不可能
严重性	灾难性的	1***	2***	5**	8*	12
	严重性的	3**	4**	6**	11*	15
	中度的	7*	9*	10*	14	16
	可忽略的	13	17	18	19	20

“***”表示灾难；“**”表示高风险；“*”表示中等风险

（3）定量风险评估是指通过对暴露水平和剂量-反应的量化表达，对风险问题进行量化评价。其目标是建立一个数学模型来阐明那些可造成健康损伤的因素对健康所产生的不良作用的概率。定量风险评估可分为点估计和概率（随机）评估。

点估计（point-estimate）：数据输入为单一的数字，如平均值或95%置信区间上限值（数据区间的高端，表示“最坏的情况”）。

概率（随机）评估[probabilistic（stochastic）assessment]：数据输入为一个可能的取值范围，该范围内每一个值的概率表示一个概率分布。

化学危害物风险评估和微生物风险评估将在后面进行介绍。

3. 定量风险评估中的模型和建模方法

定量风险评估中的模型主要包括：①简单的数学模型；②预测性微生物模型；③过程风险模型。

正如对模型的表述“所有模型都是错的，但有些是有用的”，我们并非要完美和精确地复制现实，而是要创造一个能洞察该系统的工具。

1）简单的数学模型　从数学模型可求解性的角度来看，可以将其分为以下几种情况：存在解析解法，而且容易求解；不存在解析解法；存在一种解析解法，但求解起来过于复杂，甚至根本不可能求解。当不可能求解时，需借助于模拟手段对模型进行分析，因此称该模型为模拟模型。

对于模拟模型，根据作用时间的不同，可将模拟模型分为静态模拟模型和动态模拟模型。静态模拟模型用于描述系统在某一特定时刻的状态特征；动态模拟模型表示一个随时间变化的系统。根据所描述系统连续或离散性质的不同，可以将模拟模型分为离散型模拟模型和连续型模拟模型。离散型模拟模型描述该系统的变量在某一时间的变化是瞬时的（研究对象可能是一系列离散的单元）；连续型模拟模型系统中的变化是连续发生的。模拟模型还可分为确定性模拟模型和随机性模拟模型。确定性模拟模型在描述系统特征时不包含任何随机性或概率，一旦给定输入，其输出就可以确定。随机性模拟模型在描述系统特征时含有随机分量。

2）预测性微生物模型　预测性微生物模型主要应用于对微生物危害的定量风险评估过程中。其基本假设为：当环境影响因素已知时，微生物的表现是可以预测的。其中的环境影响因素包括温度、水分活度、pH、浓度等。

预测性微生物模型可分为基本模型、二级模型、三级模型。基本模型是指在特定环境下，微生物数量如何随时间变化，包括生长、存活和失活等，主要通过指数、衰减指数、对数、冈珀茨等统计模型来表示。在应用基本模型来反映微生物数量随时间的变化时，我们假定环境条件是不发生改变的。但是如果环境条件发生了改变，基本模型便不再合理。二级模型主要用来反映基本模型（迟缓、生长期）的参数如何随环境因素的改变而变化，主要通过平方根、立方根、γ 多项式、反应表面模型等统计模型来表示。三级模型可使用软件将微生物反映到环境的所有方面的数据整合至一个系统（软件），如美国农业部致病菌建模程序和英国食品微生物模型等。

3）过程风险模型　过程描述是指在对所关注食品的整个食品链的深刻理解的基础上，发现其中的关键步骤，进行合理简化，进而描述该产品“从农田到餐桌”的全过程。过程建模是指在过程描述的基础上，通过建立数学模型，反映食品链中各主要步骤间所关注的危害物的感染率和浓度的变化情况，以及其最终的暴露概率与感染概率。

三、食品中化学性危害的风险评估

食品中化学性危害的风险评估主要是针对食品中有意或无意加入的化学物、污染物和天然存在的毒素，包括食品添加剂、农药残留和其他农用化学品、兽药残留、不同来源的化学污染物及天然毒素的风险评估。

风险评估是一种系统地组织科学技术信息及其不确定性信息，来回答关于健康风险的具体问题的方法。化学性危害的风险评估过程存在以下几方面的困难。

（1）危害识别过程中，对于不同的化学物，通常可以获得进行风险评估所需要的科学研究的毒理学资料。然而，在某些情况下，不能得到十分全面和确切的科学资料。尤其是在有几套不同化学物的毒理学资料时，经常没有足够的依据来确定哪一套数据（如种、系、毒性终点）更适合预测人类的反应。

（2）农药、兽药、食品添加剂、污染物及天然毒素在食品中的含量往往很低，通常只有百万分之几，甚至更少。而进行动物毒理学试验需要很高的剂量，因此当利用动物试验的毒理资料对人类健康进行风险评估时，需要将动物试验数据经过处理外推到很低的剂量。这种由高剂量到低剂量的外推过程在量和质上皆存在不确定性。目前面对的主要问题是用高剂量化学物的动物试验所发现的不良影响，对于预测人类低剂量暴露所带来的危害有多大意义。

（3）由于暴露评估所需进行的工作项目极多，若无可依循的准则常会导致评估结果有极大的差异。即使制定暴露评估的准则，其中所采用的评估技术和评估方法等均会影响评估结果的准确性。我国的化学物膳食暴露评估多是单独进行膳食摄入模式研究和食品污染物现状调查，而将这两方面信息有机整合获得人群膳食暴露量研究，多采用点评估技术，与发达国家采用的较为完善的膳食暴露定量评估模型存在一定差距。

（4）目前对化学性危害的风险特征描述包括定性估计和定量估计。由于风险特征描述的基础是危害识别、危害特征描述和暴露评估，因此需要把风险评估过程每一步的不确定性均考虑在内。

四、食品中生物性危害的风险评估

食品中的生物性危害包括细菌、病毒、寄生虫、原生动物、藻类等。微生物危害引发人类疾病一般有两种机制：一是产生毒素，引起食源性中毒，针对此类机制，因阈值水平容易定量，定量风险评估是可能的；二是因摄入能够感染寄主的活体生物而引起的食源性感染，由于微生物是怎样和何时致病存在诸多不确定性，因此定量评估的难度相当大。

目前，对于生物性危害进行定量评估非常困难，以细菌性危害为例，有以下几方面。

（1）危害识别过程中对于暴发事件的调查存在诸多困难，如调查所需的经费数额较大，缺乏可靠或完整的流行病学数据，以及难以分离和鉴定新的病原体。

（2）在危害特征描述步骤中，进行剂量-反应关系研究的主要困难包括：①宿主对病原菌的易感性有高度差异；②病原菌侵袭力的变化范围大；③病原菌菌株间的毒力差别大；④病原菌的致病力易受频繁突变产生的遗传变异的影响；⑤食品或人体消化系统内其他细菌的拮抗作用可能影响致病力；⑥食品本身会改变细菌的感染力和（或）影响宿主。

（3）在暴露评估步骤中，与化学因素不同，食品中的细菌性病原体会发生动态变化，这主要受到下列几方面因素的影响：①细菌性病原体的生态学知识；②食品的加工、包装和贮存状况；③制备过程如烹调可能使细菌灭活；④消费者的文化因素。

（4）对于食源性细菌病原体来说，采用定性方法进行风险特征描述可能是目前更可行的选择。定性的风险评估取决于：特定的食品种类、细菌性病原体的生态学知识、流行病学数据，以及专家对与食品生产、加工、贮存和制备等方面有关危害的判断。

五、风险评估过程中的变异性和不确定性

变异性是指一个特定人群中的数量分布，如食品消费量、暴露时间和预期寿命等，这些都是固有的变异，不能用一个值来表示，仅能在一定的精确范围内进行描述（如平均值、偏差等）。不确定性或模型特异误差（如统计学估计误差）是指一个参数具有特定值，但由于测量或估计误差而不能精确地加以确定。变异性归因于所评估问题的参考单位的随机变异；不确定性是由于对所评估问题的对象缺乏有关不变项目的知识。

风险评估过程中存在许多来源的不确定性和变异性，因此风险评估应该充分考虑各个步骤中的不确定性和变异性，以保证在风险管理政策制定时充分考虑这些情况。

不确定性可定量地估计一种结果的数值范围，如对健康的不良作用，此数值范围来源于数据的变异性和不确定性，以及用于判定暴露与不良作用之间关系的模型结构的不确定性。

当无论何时试图用数字描述某种条件下发生的某种现象时，就要用一些已知的条件来估计或预测那些无法获得数据、有可能发生的现象，这就产生了模型的不确定性。模型预测中的不确定性来自多个方面，包括问题的特点、概念的形成和计算模型、有关数据的估计，以及结果的计算、解释和记录等。由于来自食品化学的或微生物的风险强度难以测定，因此对结果的估计往往采用模型或历史资料。各类模型的可靠程度取决于各项结果数据的精密度及模型所代表的相关生物、化学和物理过程的正确性。不确定性分析可用来评估模型的可靠程度和数据的精确度对模型预测能力的影响程度。

描述风险的不确定性包括计算算数平均值、算术或几何标准差，以及风险的高、低百分位数，表示此类资料的简便工具是概率密度函数或风险的累积密度函数。只

有当用于估计风险的导入变量本身具有有意义的概率分布时，才能得到风险概率密度函数或累积密度函数。不确定性分析可分为以下几步。

（1）确定在预测模型中产生不确定性的导入参数。

（2）建立概率密度函数来确定每个结果参数的取值范围。

（3）考虑导入参数之间的相关性。

（4）用模型来扩大不确定性，以产生结果数值的概率密度函数。

（5）由结果变量预测值的概率密度函数产生置信限和置信区间。

六、风险评估过程的主要步骤

风险评估的过程可以分为四个步骤：危害识别、危害特征描述、暴露评估及风险特征描述。其中风险特征描述是在之前三个阶段的研究基础上，对危害特征描述和暴露评估阶段得到的相关数据和信息进行编辑、整合，并形成最后的风险评估结果的过程。危害识别多采用定性方法，其余三步也可以采用定性方法，但最好采用定量方法。

以下我们就以风险评估的四个阶段，结合风险评估所采用的数据资料及风险评估过程中的不确定性和可变性，对风险评估的相关内容进行介绍。

第二节 危害识别

危害识别（hazard identification）：是指对可能给人类及环境带来不良影响的风险源所进行的识别，以及对其所带来的影响或后果的定性描述。相对于定量的危害特征描述来说，危害识别可以被当作风险评估最初定性的影响效果描述。

明确识别危害物很有必要，对于化学性危害来说，要求收集准确的化学成分方面的信息，包括对复杂的同分异构体的鉴别，对复合物组成成分的准确描述，以及化合物的成分、稳定性与杂质的数量和性质等。必须保证为风险评估工作提供数据资料的危害物同人们所关注的危害物的性质基本相同，确保所采用的流行病学、毒理学数据资料的研究对象同所进行风险评估的研究对象的性质是一致的。如果在评估过程中，将某种比较容易测量、研究较成熟的危害物假定为不利影响的来源，而事实上不利影响来源于其他危害物或该危害物与其他危害物的复合物，将会严重影响危害识别及危害特征描述的结果。

一、危害识别的主要作用和内容

1. 危害识别的主要作用

（1）用以澄清一种人类健康问题或环境问题，以帮助制定风险管理的策略和方案。

（2）用以确定产品危害方面的标识。

（3）用以将产品划分到合适的种类或群组，以进行进一步的测试和评估。

2. 危害识别的主要内容

（1）识别危害物的性质，并确定其所带来危害的性质和种类等。

（2）确定这种危害对人体的影响结果。

（3）检查对所关注危害物的检验和测试程序是否适合、有效。

（4）确定什么是显著危害。

二、食品中化学性危害的危害识别

简单来说，对于化学因素（包括食品添加剂、农药和兽药残留、污染物和天然毒素）而言，危害识别主要是指要确定某种物质的毒性（即产生的不良效果），在可能的条件下对这种物质导致的不良效果的固有性质进行鉴定。由于资料往往不足，进行危害识别的最好方法是证据加权。这种方法需要对来源于适当数据库的资料、经同行评审的文献及可获得的其他科学资料（如企业界未发表的研究报告）进行充分的评议。此方法对不同研究的重视程度顺序如下：流行病学研究、动物毒理学研究、体外试验及数量-效果或结构-活性关系。阳性的流行病资料及临床资料对于危害的识别十分有用，但是由于流行病学研究的费用较高，而为大多数危害研究提供的数据有限，因此实际工作中，危害识别一般采用动物和体外试验的资料作为依据。动物试验包括急性和慢性毒性试验，主要目的在于确定无可见作用剂量水平（no observed effect level，NOEL）、无可见不良作用剂量水平（no observed adverse effect level，NOAEL）或者临界剂量。通过体外试验可以增加对危害作用机制的了解。通过定量的结构-活性关系研究，对于同一类化学物质（如多环芳烃、多氯联苯、二噁英），可以根据一种或多种化合物已知的毒理学资料，采用毒物当量的方法来预测其他化合物的危害。

1. 流行病学研究

如果能获得阳性的流行病学研究数据，应当把它们应用于风险评估中。如果能够从临床研究中获得数据，在危害识别及其他步骤中应当充分利用。然而，对于大多数化学物，临床和流行病学资料是难以得到的。此外，阴性的流行病学资料难以在风险评估方面进行解释，因为大部分流行病学研究的统计学力度不足以发现人群中低暴露水平的作用。风险管理决策不应过于依赖流行病学研究而受耽搁。此外，评估采用的流行病学研究必须用公认的标准程序进行。

在流行病学研究设计或应用阳性的流行病学数据过程中，必须考虑人群的以下因素：敏感性的个体差异、遗传的易感性、与年龄和性别相关的易感性，以及其他如社会经济地位、营养状况和其他可能的复杂影响因素。

2. 实验动物研究

化学危害物风险评估的大部分毒理学数据来源于实验动物研究，进行动物试验时应遵循科学界广泛承认的标准化试验程序，如联合国经济合作与发展组织、美国国家环境保护局等公布的标准试验程序。无论采用哪种程序，所有研究都应当遵守良好实验室操作规范和标准化质量保证/质量控制程序。

一般情况下，化学危害物风险评估使用充足的、最小量的有效数据应当是可以的，包括规定的品系、数量、性别，正确的选择剂量、暴露途径，以及充足的样品数量。

长期的（慢性）动物毒性研究数据非常重要，应当着眼于有意义的毒力效果、作用终点，包括肿瘤、生殖发育影响、神经毒性作用和免疫毒性等。短期的（急性）毒性实验动物研究数据也是有用的。

实验动物研究不仅要确定潜在的不良作用，还要确定其风险性和作用机制等。体内和体外的研究结果能够强化对药物动力学和药效作用机制的理解。

给药剂量和药物作用剂量的资料有助于评价作用机制与药物代谢动力学数据。评估应当考虑化学危害物的特性（给药剂量）和代谢物毒性（释放剂量）。基于这种考虑，应该研究化学危害物的生物利用率（原型化合物、代谢产物的生物利用率），具体到组织通过特定的膜吸收（如肠管等消化道的吸收），到体内循环，最终到达作用靶点，这对于化学危害物的评估是非常重要的。动物试验的设计应考虑找出NOEL、NOAEL或临界剂量。为了尽可能避免假阴性的出现，剂量可以选择足够高，多采用最大耐受剂量（maximum tolerated dose，MTD）。对于人体必需微量元素，如铜、锌、铁等，应收集适宜需要量与毒性之间关系的资料。

由于存在动物与人之间的种群差异，在将动物试验结果推论到人时，应尽可能收集人群接触受试物后的反应的资料，如职业性接触和意外事故接触等。

3. 短期试验与体外试验研究

由于短期试验快速且费用较低，因此用于探测化学危害物是否具有潜在致癌性，或引导支持动物试验或流行病学调查结果是非常有价值的。体外试验可用于研究一般毒性和作用机制，如遗传毒性试验。体外试验数据不能作为预测对人体风险的唯一资料来源，但其结果可以加深对作用机制和药物代谢动力学、药效学的认识。只是很多情况下难以获得这些资料，风险评估进程不应因等待作用机制和药物代谢动力学、药效学资料而耽搁。

4. 结构-反应关系

结构-反应关系的研究对于提高人类健康危害识别的可靠性可起到一定作用。很多化合物结构相似，产生毒性作用的结构也一致（如多环芳烃、多氯联苯和二噁英），在同一级别的一种或多种物质有足够的毒理学数据时，可以采用毒物当量预测人类暴露在同一级别其他化合物下的健康状况。

许多试验资料显示，致癌作用确实与化学物质的结构种类有关，将化学危害物的物理化学特性与已知致癌性（致病性）的化学物质进行比较，就可得知此危害物的潜在致癌性（致病性）。

延伸阅读

危害识别——丙烯酰胺

（一）物理和化学性质

丙烯酰胺的化学式为 $CH_2CHCONH_2$,英文名:acrylamide 或 2-propenamide。CAS 登录号：79-06-1。

其结构式如下。

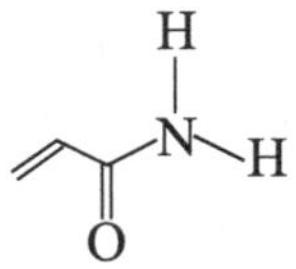

丙烯酰胺的物理性质如表 2.2 所示。

表 2.2　丙烯酰胺的物理性质

性质		指标
相对分子质量		71.08
熔点/℃		84.5±0.3
蒸气压	固体/Pa（mmHg①）	
	25℃	0.9（0.007）
	40℃	4.4（0.033）
	50℃	9.3（0.070）
	液体/Pa（mmHg）	
	87℃	0.27（2.0）
	103℃	0.67（5.0）
	116.5℃	1.4（10）
	125℃	3.3（25）
密度（30℃）/（kg/L）		1.122
结晶体		单斜或三斜
晶形		薄片至层状

① 1mmHg=0.133kPa

丙烯酰胺在水中的溶解度达到 2155g/L。

丙烯酰胺有酰氨基和双键两个反应中心。在碱性或酸性催化剂的作用下很容易水解，分别生成丙烯酸盐和丙烯酸。丙烯酰胺具有很强的活性。

（二）生物学特性

1. 吸收

丙烯酰胺是一种水溶性物质，可以通过各种暴露路径，如生物体的消化道、皮肤、肌肉或其他途径吸收。普遍认为动物口服丙烯酰胺可以被迅速和广泛地吸收,但是目前还没有各种食品中丙烯酰胺生物利用度的数据。

2. 代谢和分布

动物试验表明，丙烯酰胺可以广泛地分布在机体的所有组织中，包括乳汁。丙烯酰胺的主要代谢物为环氧丙酰胺，它比原形化合物对动物产生更强的致癌作用和基因毒性。普遍认为丙烯酰胺具有神经毒性。

丙烯酰胺在人体和实验动物中的主要代谢途径基本相似，但是，在评估丙烯酰胺对人体的风险时，需要考虑丙烯酰胺在动物和人体中的代谢量差异。在动物毒理学研究的剂量范围内，原形化合物转化成代谢物的程度与机体内含有的丙烯酰胺的量成反比，即体内含有丙烯酰胺的剂量越低，转化为代谢物的比例越高。另外，由于涉及代谢和消除途径的遗传差异，因此人体对吸收的丙烯酰胺所产生的作用敏感性也不同。

3. 排泄

丙烯酰胺在大鼠体内的消除半衰期为2h。目前还没有在人体内的代谢动力学数据。

（三）神经毒性

大量的实验已经证明丙烯酰胺具有神经毒性。丙烯酰胺一般通过职业性接触（皮肤和呼吸道）、饮水、吸烟等进入人体，可以引起人体的急性、亚急性、慢性中毒反应。急性中毒以中枢神经损害症状为主，突出的症状是小脑共济失调，慢性中毒以周围神经损害症状为主。毒性的特点是在体内有一定的蓄积效应，导致周围神经病变和小脑功能障碍。

1. 单次剂量毒性

实验发现当单次口服给予丙烯酰胺的剂量高于每日膳食平均摄入的丙烯酰胺量（1～10μg/kg）的4或5个数量级时，将对动物和人体神经系统产生毒性作用。

2. 长期毒性

1985年，WHO根据对大鼠的动物试验结果评估了丙烯酰胺长期暴露的风险，实验方法为口服剂量1mg/（kg体重·d）丙烯酰胺93d。根据动物试验结果可以判断：如以10作为安全系数，对人体无神经毒性作用的摄入量为不超过0.012mg/（kg体重·d）。其中特别强调，此结果没有考虑除神经毒性外的其他毒性反应。另外进行的两项长期毒性研究结果表明：产生外周神经病变的最小可见有害作用水平（lowest observed adverse effect level，LOAEL）为 2mg/（kg 体重 · d）。NOAEL 为 0.5mg/（kg 体重 · d）。灵长类动物皮下注射（每周 6d）与经口的 NOAEL 分别为 0.5mg/（kg 体重 · d）和 1.0mg/（kg 体重 · d）。

我国研究人员对长期暴露于丙烯酰胺下的 2 年或更长时间的工人进行调查，发现了神经病变的症状，并在血中检测到了血红蛋白和丙烯酰胺的加合物。研究结果表明，当日暴露量超过 1mg/kg 体重时，将有可能产生周围神经病变，这一实验结果与啮齿类动物的结果相似。

尽管已经明确了丙烯酰胺对人体的神经毒性作用，但是由于很难定量评估人体对丙烯酰胺的暴露条件，因此，也很难描述人体神经毒性的剂量-反应关系，目前仍然缺少这方面的数据。但是，FAO/WHO 在《食品中的丙烯酰胺对健康的影响》中明确指出：根据啮齿类动物、猫、狗和猴子的长期暴露的实验数据，丙烯酰胺对中枢和外周神经系统的损伤具有相似的剂量，由此确定丙烯酰胺神经毒性的 NOAEL 为 0.5mg/（kg 体重 · d）。同时，WHO 估计的人由食品摄入的丙烯酰胺为 1μg/（kg 体重 · d）。由于两者之间有较大的安全范围，如果控制长期摄入量在这一水平，发生神经毒性作用的风险很低。

（四）生殖毒性

动物试验表明，丙烯酰胺可以损伤睾丸，并对生殖能力产生不利影响。WHO 在《食品中丙烯酰胺对健康的影响》报告中明确指出：有充分的证据证明丙烯酰胺影响雄性动物的生殖能力，WHO 从公布的多项研究结果得出的 NOAEL 分别为 2mg/（kg 体重 · d）（大鼠）和 9mg/（kg 体重 · d）（小鼠）。从以上数据可以看出，大鼠生殖毒性的 NOAEL 是长期神经毒性病变 NOAEL 的 4 倍，因此，可以预测，控制了丙烯酰胺神经毒性的发生也就控制了生殖毒性的作用。

（五）致癌性

1. 大鼠动物试验

丙烯酰胺具有基因毒性。在人体和啮齿类动物中，丙烯酰胺主要转化为活性代谢物——环氧丙酰胺。环氧丙酰胺可以紧密地与蛋白质和 DNA 结合，形成加合物，因此，可以通过测定加合物的含量间接测定活性代谢物的剂量。

Johnson 等和美国 Cyanamide 公司在 20 世纪 80 年代末期分别进行了两项丙烯酰胺长期致癌的研究，实验动物为大鼠（雄、雌），剂量分别为 0.01mg/（kg 体重 · d）、0.1mg/（kg 体重 · d）、0.5mg/（kg 体重 · d）、2mg/（kg 体重 · d），实验时间为 2 年。实验结果分别见表 2.3 和表 2.4。

表 2.3　雄性大鼠暴露在不同剂量丙烯酰胺下发生肿瘤的概率

肿瘤类型	对照组	0.01mg /（kg 体重・d）	0.1mg /（kg 体重・d）	0.5mg /（kg 体重・d）	2mg /（kg 体重・d）
甲状腺癌	1/60（1.7%）	0/58（0%）	2/59（3.4%）	1/59（1.7%）	7/59（11.9%）
	3/204（1.5%）	—	9/203（4.4%）	5/101（5.0%）	12/75（16.0%）
睾丸癌	3/60（5.0%）	0/60（0%）	7/60（11.7%）	11/60（18.3%）	10/60（16.7%）
	8/204（4.0%）	—	9/204（4.4%）	8/102（7.8%）	13/75（17.3%）
肾上腺癌	3/60（5.0%）	7/59（11.9%）	7/60（11.7%）	5/60（8.3%）	10/60（16.7%）

注：上行为 Johnson 等的研究结果，下行为美国 Cyanamide 公司的研究结果；“—”表示无数据

表 2.4　雌性大鼠暴露在不同剂量丙烯酰胺下发生肿瘤的概率

肿瘤类型	对照组	0.01mg /（kg 体重・d）	0.1mg /（kg 体重・d）	0.5mg /（kg 体重・d）	2mg /（kg 体重・d）
甲状腺癌	0/58（0%）	0/59（0%）	1/59（1.7%）	1/58（1.7%）	3/60（5.0%）
	0/100（0%）	—	—	7/100（7.0%）	16/100（16.0%）
乳腺癌	10/60（16.7%）	11/60（18.3%）	9/60（15.0%）	19/58（32.8%）	23/61（37.7%）
	9/96（9.4%）	—	—	20/94（21.3%）	26/95（27.4%）
子宫癌	1/60（1.67%）	2/60（3.3%）	1/60（1.67%）	0/59（0%）	5/60（8.3%）

注：上行为 Johnson 等的研究结果，下行为美国 Cyanamide 公司的研究结果；“—”表示无数据

从表 2.3 和表 2.4 可以看出，与对照组相比，不同性别实验组的动物随着丙烯酰胺剂量的增加，发生几种类型肿瘤的概率明显增加。此外，大鼠动物试验还表明丙烯酰胺可以引起脑、脊髓和其他组织的癌变。

2. 小鼠动物试验

1984 年 Bull 等的一系列小鼠动物试验表明，丙烯酰胺可以引发皮肤癌。在一项实验中，分 6 个剂量组给小鼠饮用 300mg/（kg 体重・d）的丙烯酰胺水溶液，同时，在实验动物的皮肤上涂抹 0.2mL 丙酮，每周 3 次，共 20 周，52 周后处死动物。实验结果为：实验组动物患皮肤癌的概率为

25%，对照组为 0；肺癌的概率为 39%，对照组为 10%。近年来，大量的动物试验、体外细胞培养试验也已显示丙烯酰胺的致癌性、致突变性。

3. 流行病学

1986 年，Sobel 及其合作者对美国密歇根州在 20 世纪 50 年代末到 60 年代初期曾经生产过丙烯酰胺的 3 个工厂中的 371 位工人进行调查：在 1982 年共计 29 人死亡，其中 11 人死于癌症，包括消化道癌症和呼吸系统癌症。另外，WHO 在 1984～1994 年调查分析发现，长期接触 $0.3mg/m^3$ 丙烯酰胺的工人发生胰腺癌的风险是未接触者的 2.26 倍，但发生胰腺癌的风险与接触年限并无明显递增关系。

为了评估暴露于丙烯酰胺患癌症的可能性，1989 年 Colins 等对 4 个分别设在美国和荷兰的工厂的工人的死因进行了调查，入选人群为 1925～1976 年的 2293 位男性工人，丙烯酰胺的暴露量大于 $0.001mg/(m^3 \cdot 年)$，结果并没有发现随着暴露量的增加，癌症的死亡率也增加的趋势。1989 年 March 的研究结果也未发现职业性接触丙烯酰胺的年限与人群标准死亡率有明显的相关性。2003 年 1 月 Claudio 等对 1991～2000 年在意大利和瑞士医院开展的一系列病例研究的数据分析表明，某一人群适量食用油炸马铃薯食品与患癌症的风险没有明显的相关性。

根据以上流行病学的调查结果似乎很难得出人体暴露于丙烯酰胺之下将引发癌症的结论。但是，由于缺乏大量的、有效的和全面的流行病学的研究数据，同样也不能得出丙烯酰胺不会引发癌症的判断。1994 年国际肿瘤研究机构（International Agency for Research on Cancer，IARC）将丙烯酰胺列为 2 A 类致癌物（即对人体具有潜在的致癌性）。

（六）分析检测方法

自 2002 年 4 月瑞典斯德哥尔摩大学的 Tornqvist 教授领导的研究小组最早发现了某些油炸马铃薯食品中含有较高的丙烯酰胺以来，世界各国的食品管理部门一直在紧锣密鼓地研究食品中丙烯酰胺的安全性问题，包括分析方法的建立、形成机制的探讨、毒理学的研究及相关法规的制定等，其中建立快速准确的分析测试方法是研究其他问题的基础。目前国际上丙烯酰胺的分析方法主要有溴衍生化气相色谱-质谱（GC-MS）法和液相色谱-质谱/质谱（LC-MS/MS）直接测定法，GC-MS 法的检测限达到 10μg/kg，LC-MS/MS 法的检测限达到 50μg/kg。目前已有文献报道了食品中丙烯酰胺的检验方法，但这些分析方法均未经过实验室间的验证，其中一些方法仅进行了实验室内的验证和认证。中国检验检疫科学研究院首先研究建立了食品中丙烯酰胺的溴衍生化气相色谱-质谱（GC-MS）分析检测方法，该方法最低检测限达到 10μg/kg，平均回收率为 85%～115%，变异系数＜5%，各项指标都达到国际先进水平。

（七）食品中丙烯酰胺的形成

在热加工食品中形成丙烯酰胺的机制尚未完全阐明，可能涉及的成分包括碳水化合物、蛋白质、氨基酸、脂肪及其他食物成分。其形成途径可能有：由脂类、碳水化合物、氨基酸降解而形成的丙烯醛或丙烯酸；常见的有机酸，如苹果酸、乳酸、柠檬酸的脱水或脱羧基；直接由氨基酸形成。由于目前还缺乏系统的研究资料，很难断定哪一种途径在其形成中发挥重要作用，很可能是多途径的共同结果，而且取决于食品组成及其加工方法。2002 年 10 月，*Nature* 杂志发表了 Mottram 等的文章，初步探讨了食品中产生丙烯酰胺的原因：热加工处理的时间和温度为丙烯酰胺形成的重要影响因素。实验表明：氨基酸与糖在 185℃下反应将使大部分氨基酸转化为丙烯酰胺。丙烯酰胺的形成似乎属于表面反应，食品含水量是重要的影响因素，与热加工中的美拉德（Maillard）反应类似，但是两者之间的关系有待进一步研究。

三、食品中生物性危害的危害识别

对生物性危害来说，危害识别的目的就是确认与食品安全相关的微生物体和微生物毒素。危害识别主要是定性分析过程，决定应当考虑某一具体食品或一类食品中的哪一种病原菌。危害可以由相关数据资料得以鉴定。危害的信息可以从科学文献及食品工业、政府机构和相关国际组织的数据库中获得，也可以通过向专家咨询得到。相关信息包括以下领域的数据：对微生物特性、食物链中微生物与生存环境间相互作用的考察，临床研究，监控数据，流行病研究，实验动物研究等。进行危害识别时，收集以上资料还应包括审核以前的风险评价和风险评估，研究国际上相关的暴发数据，收集流行病学统计结果等，并充分考虑国内的情况。

对于生物性危害来说，危害识别应该在总结可以获得的相关流行病学和动物试验信息的基础上，对相关危害物所产生的不利影响、危害物的自身性质及可能含有该危害物的食品三个方面的因素进行识别，并提供相关的定性信息。

（1）危害物所产生的不利影响，即该危害物所导致的病害。需提供的信息主要包括：①所导致病害的症状、病害程度、持续性等；②病害的传染性、传播媒介等；③病害的发病率及死亡率等；④哪些人属于该病害特殊的易感人群等。

（2）危害物的自身性质需提供的信息主要包括：①该危害物属于化学性还是生物性的危害；②该危害物在自然条件下的存在状态；③该危害物所适应（或可能被消除）的环境等。

（3）可能含有该危害物的食品需提供的信息主要包括：①可能被该危害物污染的食品种类；②食品加工过程中是否具有对该相关危害物的控制措施；③食品加工过程中是否存在交叉污染的可能性等。

根据以上资料和信息，可整理形成危害识别报告，报告没有统一模式，但应简明扼要、重点突出，包括以下几部分内容。

说明（description）：微生物的特性，在哪里被发现，影响此微生物生长和生存的最适条件以及环境因素等。

食源性疾病（foodborne disease）：作为危害暴露的结果简要地描述它对人体的负面健康作用。要确保读者对于健康结果的重要性和严重性能有很好的理解。还应当提及易感人群和亚健康人群的情况；更具体的关于负面健康作用的详细描述可在危害特征描述步骤中进行。

传播模式（mode of transmission）：简明阐述微生物是如何影响宿主的。

发生（频率）和暴发数据（incidence and outbreak data）：文献记载的发生和暴发数据必须是可信的，并通过充分的研究来确保合适的数据。

在食品中的含量（occurrence in food）：简要描述什么食品中可存在此种微生物危害，以及其典型的污染水平。

对于生物性危害的危害识别，具有以下局限性：暴发事件调查所需的经费巨大，调查难度大；缺乏可靠或完整的流行病学数据；新的病原体难以分离和鉴定。

另外值得关注的是，由于不同国家或地区的环境、饮食习惯、食品种类、食品加工方法、食品运输及贮存条件和个人卫生习惯等因素均有所不同，因此在生物性危害风险评估报告中应当对上述因素和差别加以适当阐述。

案　例

危害识别——李斯特菌（*Listeria monocytogenes*）

危害识别应该在总结可以获得的相关流行病学和动物试验信息后，为相关危害物所产生的不利影响、其本身的性质和可能含有该物质的食品三个方面因素提供定性的信息。具体对于李斯特菌来说，就是要提供李斯特菌病、病原体——李斯特菌和可能含有李斯特菌的食品三方面的信息。

1. 不利影响（所导致的病害）

李斯特菌可以导致李斯特菌病，这是一种非典型的食源性疾病，相关信息包括：①在肠道中可以引起低烧，当侵入到内部组织后，可以扩散到血液、孕妇的子宫或中枢神经系统，患有李斯特菌病可能出现的严重症状有脑膜炎、败血病，或导致孕妇流产等；②对于易感人群而言，李斯特菌病的死亡率达到20%～30%；③致病只与几个高毒性的致病菌种有关；④李斯特菌可以在人体内残留并存活；⑤细胞免疫力低下的人群、孕妇和老年人是李斯特菌病的易感人群；⑥李斯特菌病在发达的工业国家发现得比较多；⑦发病率并不高，为每百万人中2～10起；⑧主要通过食品进行传播，食源性发病案例约占总发病案例的95%，1981年以后调查到的李斯特菌病都是由食品传播引起的。

2. 自身性质

革兰氏阳性，适冷，兼性厌氧无芽孢杆菌；在环境中分布广泛：土壤、蔬菜、粪便、下水道、青贮饲料中均有发现。在食品加工环境中也经常发现；5%的人类和10%的动物是李斯特菌的携带者，其特性还包括：①李斯特菌可以在4℃外部环境下生长，因此低温冷藏不能消除其生长；②李斯特菌可以在恶劣的外部环境下存活，包括低pH、高盐度或环境中存在亚硝酸盐的情况，因此，某些用于消除微生物危害的食品加工方法不能将其消除；③富氧或缺氧不影响李斯特菌的生长，因此，气调包装或真空包装不会抑制李斯特菌的生长。

3. 危险食品的相关信息

几乎所有的食品都可能被李斯特菌所污染，其中风险较高的食品包括：即食食品、低温冷藏食品、其他可能存在李斯特菌生长情况的食品、李斯特菌的污染水平在0.3～10^6cfu/g的食品等。

导致暴发李斯特菌病的食品主要是工业加工食品。在食品分销和家庭加工阶段的交叉污染起着十分重要的作用。在食品加工过程的各阶段都可能造成李斯特菌的污染。

4. 摘要

在对以上三方面因素进行识别的基础上，总结出李斯特菌危害识别的摘要：①李斯特菌病是一种严重的疾病；②李斯特菌病的死亡率达到20%～30%，发病率为每百万人中2～10起；③李斯特菌可以在4℃、富氧或缺氧的外部环境下生长；④李斯特菌可以在恶劣的外部环境下存活；⑤李斯特菌可能污染几乎所有的食品，在食品加工过程的各阶段和食品的分销阶段都可能造成李斯特菌污染。

四、危害识别过程中的不确定性和变异性

危害识别步骤涉及确定一种危害是（或者可能是）与食品中的生物性、化学性或物理性危害因素有联系的。该步骤一般依靠筛查方法和短、长期细胞试验或动物试验。产生的可能结果是：所研究的因子被确认是（或不是）一种对人类健康有危害的因素。其不确定性包括对因子的正确分类[如它是（或者不是）一种对人类健康的危害]和对该因子进行分类时测试的质量。例如，用Ames细菌返祖试验确定一种化学物质是否具有致突变性时，不确定性在于此试验在获得阳性结果时是否确实能够预测会在人体产生肿瘤；测试的操作涉及用相同的化学物质重复检测或用不同的测试系统进行测试时，分析结果是否相同。

危害识别过程中存在以下三个与不确定性和变异性密切相关的问题。

（1）将一种因素错误地分类，即确定一种因素是危害，而实际上该因素不是危害，反之亦然。

（2）筛查方法的可靠程度包括两个方面：恰当地确定一个危害及其检测方法的重复性。

（3）外推问题，由实验结果外推预测对人体的危害时存在一定的不确定性。

第三节　危害特征描述

危害特征描述（hazard characterization）：是指对存在于食品中可能对人类健康产生不良影响的危害物的性质进行的定性或定量的评估。在这一过程中需要回答摄入多大的剂量会使人感到不适、会有怎样的不适感等问题。风险评估中的危害识别和危害特征描述经常会有交叉，这要依据具体的评估对象和所获取可用数据的多少进行区分，其主要区别在于危害特征描述中通常要进行详细的剂量-反应评估。剂量-反应评估是危害特征描述过程中的一个重要的数学模型，该模型可以预测在给定剂量下产生不良影响的概率。

剂量-反应评估（dose-response assessment）：是指在风险评估中，将人类摄入微生物病原体的数量、有毒化学物剂量或其他危害物的量与人类健康发生不良反应的可能性之间的转变用数学关系进行描述。简单地说，剂量-反应评估就是确定摄入危害物的剂量与发生不良影响的可能性的数学关系的评估过程。

危害特征描述的最主要的内容就是描述不良影响的严重性和持久性，并定量估计可以造成不良影响的危害物的大概数目，在进行危害特征描述的过程中，一定要明确被感染的主体，并尽可能测定感染的结果。

一、食品中化学性危害的危害特征描述

简单来说，危害特征描述一般是由毒理学试验获得的数据外推到人，计算人体的每日允许摄入量（ADI）[严格来说，对于食品添加剂、农药和兽药残留，制定ADI值；对于污染物，针对蓄积性污染物如铅、镉、汞，制定暂定每周耐受摄入量（provisional tolerated weekly intake，PTWI），针对非蓄积性污染物，如砷制定暂定每日耐受摄入量（provisional tolerated daily intake，PTDI）；对于营养素，制定每日推荐摄入量（recommended daily intake，RDI）]。目前，国际上由JECFA制定食品添加剂和兽药残留的ADI值及污染物的PTWI或PTDI值，由JMPR制定农药残留的ADI值。食品中各种化学危害物的含量通常很低，一般在mg/kg级或更低水平。在进行动物毒性试验时依据药物内在的毒性通常采用高剂量（甚至达到g/kg），通过在动物中产生的高剂量的不良反应来推测人群暴露于低剂量的效应。为了与人体的摄入水平相比，需要把动物试验的数据外推到低得多的剂量，这种剂量-反应关系的外推存在质和量两方面的不确定性；此外，剂量的种属间度量系数也是目前争论很大

的问题。

1. 危害特征描述的一般步骤

（1）进行不良影响的剂量-反应评估。

（2）易感人群的鉴定及其与普通人群的相同点和不同点的比较。

（3）分析不良影响的作用模式和（或）机制的特性。

（4）不同物种间的推断，即由高到低的剂量-反应外推。

2. 危害特征描述的主要方法

1）剂量-反应的外推　剂量-反应关系是建立食品中化学物质安全性的基础。通过动物试验首先要确定对靶器官的毒性及导致毒理反应的化学机制；其次要估计无可见作用剂量水平（NOEL），低于这个剂量，无毒性作用发生。实验获得的 NOEL 值除以合适的安全系数等于安全水平或每日允许摄入量（ADI），即 ADI=NOEL/安全系数，其中安全系数一般为 10～2000，这取决于实验数据的可信度。安全系数一般使用 100，一个系数 10 是调整人和动物间的差异，另一个系数 10 是人群中毒理反应的差异。但可根据受试物的理化性质、毒性大小、代谢特点、接触的人群范围、食品中的使用量及使用范围等因素，综合考虑增大或减小安全系数。

为了比较并得出人类的允许摄入水平，动物试验通常在较高剂量下进行，其数据经过处理外推到比它低得多的剂量。从危害物和某种危害间的剂量-效应关系曲线求得 NOEL、最低可见作用剂量水平（lowest visible effect dose level，LOEL），以及致死中量（lethal dose 50，LD_{50}）或致死中浓度（lethal concentration 50，LC_{50}）等数据。这些外推步骤无论在定性还是定量上都存在不确定性。首先危害的特性随着剂量改变而改变或完全消失；其次人体与动物在同一剂量时，药物代谢动力学作用有所不同，而且化学物质的代谢方式在低剂量和高剂量时可能存在不同，高剂量的动物试验不能准确地反映出人体在长期摄入该危害物的情况下的病理变化。因此在外推到低剂量时，必须考虑这些潜在危害以及其他与剂量相关的变化。

2）剂量的度量　动物和人体的毒理学平衡剂量一直存在争议，JECFA 和 JMPR 通常用 mg/kg 体重作为种属间缩放比例。美国官方基于药物代谢动力学提出新的规范以 mg/（3/4 kg 体重）作为缩放平衡比例。理想的是通过测量药物在动物和人体组织内的浓度，以及靶器官的代谢率来获得。血液中药物浓度接近这种理想状态，但这在实际的风险评估过程中很难做到，因此在无法获得充足证据时，可用通用的种属间缩放比例。

3）遗传毒性致癌物和非遗传毒性致癌物　致癌物可分为遗传毒性致癌物和非遗传毒性致癌物，前者能够直接或者间接引起靶细胞的遗传改变，其主要作用靶点是遗传物质，后者作用于非遗传位点，可能导致细胞增殖和（或）靶位点持续性的功能亢进或衰竭。某些非遗传毒性致癌物（或称为啮齿类动物特异性致癌物）在剂量不同时会产生不同的效果（致癌或不致癌），相反，遗传毒性致癌物没有这种作用。大量研究数据表明，遗传毒性致癌物与非遗传毒性致癌物之间存在种属间致癌效应的区别。目前广泛采用的 Ames 试验可用来鉴别引起 DNA 突变的化学物质。许多国家的食品安全管理机构现在对遗传毒性致癌物和非遗传毒性致癌物采用不同的方法进行评估。因此，从原则上讲，非遗传毒性致癌物可以采用阈值方法如 NOEL-安全系数法进行管理，最重要的就是要根据 NOEL 值或者 NOAEL 值除以安全系数得出 ADI 值。虽然遗传毒性致癌物没有阈值剂量，但在某些情况下，10^{-5} 和 10^{-6} 级别的剂量对应的风险水平被认为是不显著的。

4）阈值法　NOEL 值或 NOAEL 值除以合适的安全系数等于 ADI 值。ADI 值提供的信息是对于该种化学物质在摄入剂量小于或等于 ADI 值时，不存在明显的风险。这种计算方式的理论依据是人类和实验动物存在合理的可比较剂量的阈值。对人类而言，可能更敏感，遗传特性差异更大，而且饮食习惯更加多样化，因此 JECFA 和 JMPR 采用安全系数以克服这些不确定性。通过对长期的动物试验数据进行研究，得出安全系数为 100，但不同国家的卫生机构有时采用不同的安全系数。在可用数据非常少或制定暂行 ADI 值时，JECFA 往往采用更大的安全系数。安全系数用于弥补人与动物的种属间及人群中的差异，理论上某些个体的敏感程度可能会超出安全系数的范围，因此，安全系数并不能保证每个个体都是绝对安全的。

5）非阈值法　对于遗传毒性致癌物一般不能采用 NOEL-安全系数法来制定允许摄入量，因为即使在最低的摄入量时，仍然有致癌的风险。因此对无阈值物质的管理办法有两种：一种是禁止商业化地使用该种化学物；另一种是建立一个足够小的被认为是可以忽略的、对健康影响甚微的或社会能够接受的风险水平。FDA 与美国国家环境保护局（EPA）一般选用百万分之一（10^{-6}）作为一个可接受的风险水平。风险水平的选择是每个国家的一种风险管理决策。

6）代谢实验　由于不同危害物在代谢方面存在很大差别，往往对毒性作用的影响很大，有些化学物质对人体的真正危害物不是其本身而是其代谢物，因此研究化学危害物在动物体及人体内的代谢是危害特征描述的一个重要方面。在毒性试验中，原则上应尽量使用与人类具有相同代谢途径的动物种系来进行较长期的试验。研究受试物在实验动物和人体内吸收、分布、排泄和转化方面的差别，这对于将动物试验结果比较准确地推论到人体具有重要意义。代谢实验的目的是了解危害物在体内的吸收、分布和排泄速度及蓄积性；寻找可能的靶器官；为选择慢性毒性试验的合适动物种系提供依据；了解有无毒性代谢产物的形成。

案　例

危害特征描述——丙烯酰胺

丙烯酰胺可以通过各种暴露路径进入机体的所有组织当中。根据长期暴露的动物试验数据，确定丙烯酰胺神经毒性的 NOAEL 为 0.5mg/(kg 体重 · d)。同时，WHO 估计的人体由食品摄入的丙烯酰胺为 1μg/（kg 体重 · d），如果长期摄入该水平的丙烯酰胺，会产生神经毒性。另外大量的动物试验、体外细胞培养试验表明丙烯酰胺具有致癌性、致突变性。目前，根据已有的流行病学调查结果既不能得出人体暴露于丙烯酰胺将引发癌症的结论，也不能得出丙烯酰胺不会引发癌症的判断。因此，1994 年国际肿瘤研究机构（IARC）将丙烯酰胺列为 2A 类致癌物。

二、食品中生物性危害的危害特征描述

生物性危害特征描述所要提供的信息是估计消费了带有病原体食品的人群发生负面健康作用的可能性。这一估计应描述人群患病的水平、微生物的毒力和传染性、宿主的易感性、与食品相关的各种因素的影响等。

1. 主要内容

生物性危害的特征包含三个关键部分：与病原体、寄主、媒介有关的因素的识别；对人体健康产生不良影响的评估；剂量-反应关系的分析。对于生物性危害来说，在确定微生物病原体的特征及其在寄主体内引起疾病的能力时，危害识别和危害特征描述可能会存在重叠。

对于病原体来说，影响其不良作用发生的频率、程度或严重性的因素包括：①病原体的致病性（毒性）特点；②入侵并克服寄主生理屏障，最终确定感染的病原体数量；③寄主的健康或免疫力状况；④媒介物（食品）的性质等。上述因素可归纳为病原体、寄主、媒介三个方面，通常被称为“剂量-反应三要素”。

对人体健康产生不良影响的评估：应考虑无症状的感染和临床表现形式及其严重性；严重性可以表达为疾病的持续时间、患病率、死亡率、社会负担与花费等；应明确该疾病的临床表现形式及其发生频率、影响范围和流行性。

剂量-反应评估就是将人类摄入病原体的数量与人类健康发生不良反应的可能性之间的转变用数学关系进行描述。对于通过产生毒素致病的机制，剂量-反应数据是有用的，而关于多数病原菌的剂量-反应数据资料很少甚至没有。获取剂量-反应评估的数据不仅困难，而且不准确。

2. 生物性危害特征描述的剂量-反应三要素

微生物的感染性、毒力和致病性：不同微生物的感染性有较大的差异，其分布越广，感染范围就越大，在地域分布上也有差异；微生物的毒力与致病性密切相关，其毒力通常是由它们所产生的内毒素或外毒素引起的。

寄主特性：生物性危害对人体健康的负面作用会受到寄主易感性的影响，如老年人、孕妇、营养状况、免疫状况等都可以影响个别寄主对生物性危害的易感性。必须在危害特征描述中说明生物性危害的感染获得性寄主，或易感人群及其特点。例如，可以描述为：“可能感染的人群通常包括老年人、儿童甚至强壮的中青年人。一般来说，强壮的中青年人症状在发病 2～9d 后消失。某些危险人群（老人和儿童），

会有 2%～7%的患者出现并发症。”

媒介物的特性：必须在危害特征描述中说明相关的媒介物及其特性。例如，可以描述为：“携带弯曲杆菌属细菌的媒介物对疾病的发展有重要的作用。在一个志愿者进食实验中，碳酸氢盐作为媒介物被给予微生物时，志愿者的发病率高于牛奶作为媒介物的情况。这可以用胃酸的屏障效应来解释，即当弯曲杆菌属细菌与一种起缓冲作用的媒介物一起摄入时，将减少对弯曲杆菌的作用。”相关食品也属于媒介物，有必要在危害特征描述中描述相关食品对生物性危害的影响。不同类型和不同加工类型的食品对微生物危害感染、生存、繁殖和产毒的影响不同。食品的特性可以抑制竞争性微生物菌群，进而影响病原体的生存，或改变微生物的致病性，因此也改变宿主的反应，如脂肪、油、碳水化合物可以保护病原体免受胃酸的伤害。食品的特性影响病原体的生长和生存，包括 pH、温度、水活度、氧化还原作用等，以及对任何特殊的营养或生长因子的需求。还需考虑食品的加工、储存和运输特性对病原体的影响。上述信息的收集通常可在危害识别及危害特征描述两个步骤中完成。

3. 生物性危害对人体健康的负面影响及其他作用

生物性危害的危害特征描述中应当包括疾病的临床表现、持续时间和严重性（如发病率、致死率、后遗症等），该种疾病是否显示出流行病学特征，是否有通过其他方式传播的可能性等。

当人体的免疫力不足以抵抗微生物危害的侵染时，则表现为疾病以及相关的并发症。例如，疾病可以描述为：“肠致病性弯曲杆菌能引起急性小肠结肠炎，但这不易与其他病原体引起的疾病相区别。潜伏期可能在 1～11d，典型的在 1～3d。主要症状是发烧、严重的腹痛和腹泻，呕吐不常见。腹泻能产生水样便、血水便和痢疾样粪便。经常会轻微地复发，多数情况下，腹泻可能持续一周，但会自行痊愈。20%患者的症状可能持续 1～3 周。带菌排泄物可能持续 2～3 周。”

当微生物危害引起的疾病发展到后期时，由于人体的免疫力低下且机体虚弱，会造成多器官的并发症。这种后期的并发症可以描述为：“后期的并发症可能来自各种不同的食源性致病菌，包括弯曲杆菌感染引起的肠胃症状。与弯曲杆菌感染相关联的后期并发症有反应性关节炎和米-费综合征等。这些综合征显示不同的症状或病变。”

曾感染微生物的患者通常会在一段时期内产生对相关疾病的免疫力，在进行危害特征描述时也应对此做出说明。例如，获得性免疫能够解释为什么肉鸡加工屠宰场的员工在开始工作的一段时期内会患上弯曲杆菌病，但是不久后就不再得此病。此外，还发现在家禽和肉品加工人员体内，抗弯曲杆菌的补体抗体含量比正常人多。

危害特征描述中还应包括与微生物危害相关的抗生素抗性。例如，在饲料中或在治疗畜、禽、鱼病时滥用抗生素，造成许多微生物产生抗生素抗性。这种抗生素抗性的发展可能危及感染上相关微生物的患者的治疗。20 世纪 90 年代初，英国、奥地利、芬兰和荷兰曾报道，在欧洲人群中发现了能够抵抗荧光喹啉的空肠弯曲杆菌。后来调查显示，当时为了治疗鸡病而批准将荧光喹啉加入到鸡饲料中，长时间使用导致荧光喹啉敏感性空肠弯曲杆菌菌株产生了相应的抗体，即对抗生素荧光喹啉产生了抗性。

4. 生物性危害的剂量-反应调查和评估

剂量-反应关系是指进入胃肠道的一定数量微生物（剂量）和与之相关的人体负面健康作用的严重性与发生频率（反应）间的关系。剂量-反应作为一种概率（暴露一定量的病原体后被感染或患病的人群比例）可以用图 2.1 表示。

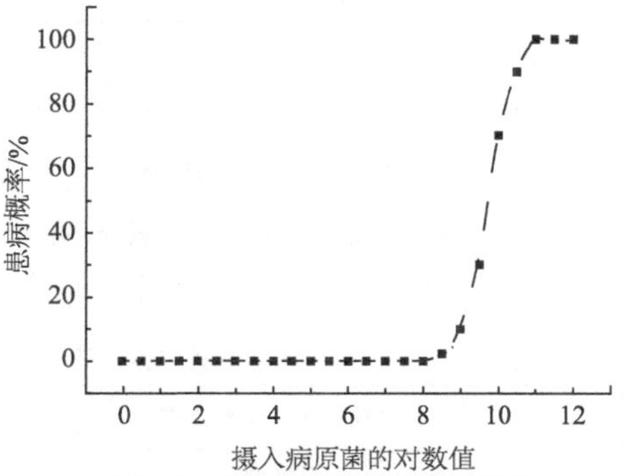

图 2.1　剂量-反应关系示意图
（引自：王大宁，2004）

生物性危害可以对寄主产生一系列的反应，从无作用到急性发作，甚至死亡，这主要取决于生物性危害的毒力和寄主的易感性等。基于此，可以采用一个范围来描述各种反应与依赖于寄主易感性的剂量范围间的关系。对风险评估者而言，通常只有有限的数据来确定剂量-反应关系。由志愿者参与实验研究获得的剂量-反应数据通常不能覆盖所有的病原体，因此需要依靠动物试验研究，以及从暴发事件调查中获得的流行病学信息。当一种新的病原体出现时，可以用于危害特征描述的信息非常少。因此，生物性危害的危害特征描述需要额外的测试来获取各种数据，可以采用类似化学危害物的数据收集方式，如临床数据、流行病学及动物试验研究等。具体的调查还需要了解生态学、生理学、生长特性、检测方法和识别存在问题的食品中微生物种属等相关方面的信息。

三、危害特征描述过程中的不确定性和变异性

危害特征描述是确定作用位点、作用机制和剂量-反应关系（发生反应的比例或者反应的严重程度）的过程。此过程往往需要建立一系列模型，包括用纯数学表达的与以生物学原理为基础表达的各种模型。每种模型都在不同程度上反映人类的实际疾病过程，并具有不同程度的不确定性。在危害特征描述步骤中，不确定性和变异性主要表现在以下几方面。

（1）危害特征描述过程中建立的剂量-反应曲线模型存在不确定性和变异性；用数学方式建立的剂量-反应关系在代表实际生物学过程方面具有很大的不确定性。尽管如此，这些仍然是当今预测对人体健康产生不良作用的最常用方法，并且在制定政策时也是行之有效的。

（2）对于所研究的种属，在设定的剂量水平下，得到的剂量-反应存在差异。在高摄入量时收集到的剂量-反应资料模型应用于低摄入量水平时可能会产生偏差。

（3）尽管绝大多数实验动物是纯系的，具有一致的遗传特性，但是动物个体间对相同剂量的反应仍有差异；对于非纯系动物差异更大。

（4）不同种属间的外推存在外推模型的不确定性和外推所用参数间的变异性。

案　例

危害特征描述——李斯特菌

从已经识别的传染媒介物的流行病学证据得出，食品中污染李斯特菌的水平＜100cfu/g，对一般人群（非易感人群）来讲是不可能致病的。然而必须注意在消费之前李斯特菌是否在食品中继续生长（表2.5）。

表2.5　李斯特菌在食品中的生长条件

李斯特菌的生长条件	最适条件	范围
温度/℃	37	−1～45
pH	7.0	4.4～9.4
水活度（A_W）	—	＞0.9

李斯特菌的人体试验剂量-反应数据是不可获得的。因此这种剂量-反应关系是综合专家观点、流行病学数据、动物试验数据等，并进行评估而获得的。许多因素影响剂量-反应关系，包括菌株致病性的变异、食品的作用和个体差异。大多数模型的建立规定传染或致病率作为建立模型的终端。致病率是大多数模型使用流行病学数据的终端。这些模型的预测显示出一个很宽的变异性，所有这些因素都有助于描述剂量-反应关系的不确定性。

第四节　暴露评估

暴露评估（exposure assessment）：是指对食品中危害物的可能摄入量以及通过其他途径接触的危害物的剂量的定性和（或）定量评估。对于农药和兽药残留、食品添加剂及污染物、天然毒素等化学危害物开展暴露评估的目的在于求得某危害物对人体的暴露剂量、暴露频率、时间长短、路径及范围。由于剂量决定毒性，因此关于危害物的膳食摄入量的估计需要有关食物消费量和这些食物中相关危害物浓度的资料。

准确可靠的食物摄入量对于暴露评估必不可少，消费者的平均食品消费量和不同地区人群的食物消费数据对于暴露评估非常重要，特别是对于易感人群的暴露评估。另外，在制定国际性食品安全风险评估办法时，必须重视膳食摄入量资料的可比性，特别是世界上不同国家或地区的主要食物消费情况。全球环境监测系统（Global Environmental Monitoring System，GEMS）建立了一个全球性膳食数据库，包括近250种原料和半成品的日消费量数据。根据联合国FAO的食物平衡表中部分国家的数据，按照食品消费量进行聚类获得了13类膳食模式。我国原卫生部、科技部、公安部和国家统计局联合实施了全国膳食、营养与健康调查，由中国疾病预防控制中心负责组织实施，调查所得的基础数据已成为我国食品安全危害膳食暴露评估的科学依据。

由于暴露评估所进行的工作项目极多，若无可依循的准则常会导致评估结果差异较大，因此需制定暴露评估准则。完整的暴露评估工作应包括：单一化学危害物或混合物的基本特性；污染源；暴露路径及对环境的影响；通过检测、测量或估计的危害物浓度；暴露人群情况；整体暴露分析。

进行暴露评估时，主要回答以下几个问题：①污染的频率和程度有多大；②危害物将如何作用；③危害物在特定食品中的分布情况。

与化学性危害在加工过程中只发生较小的变化不同，食品中病原体的数量是动态变化的，会产生十分明显的升高或降低。因此，对于生物性危害，要特别关注以下几点。

（1）病原体的生态学特征，如特定病原体进入寄主体内将如何变化（生长或失活）。

（2）食品的加工、包装和贮存及其中相应的控制措施对病原体有哪些影响。

（3）消费特定食品的人群（接受者）是什么样的，在使用前如何进行加工。

为了尽可能全面地描述危害物的特点，对于每种“暴露”可以按照以下几种方法对其进行描述。

（1）接受者（人类或环境物种）对于危害物中各成分的暴露水平（一般用“暴露剂量”或“外部剂量”等指标描述）。

（2）评估或衡量这种危害物被人体及组织器官所摄入的水平，以及这种摄入水平被新陈代谢和排泄的分化作用损耗后的水平（通常用“吸收剂量”“内部水平”或“生物利用度”等指标来描述）。

（3）确定考虑时间因素后的危害物对于目标器官、组织的富集剂量。

一、数据的获得及模型和假设情景设置

（一）数据

膳食暴露评估要求必须将获得的危害物监测数据与膳食消费量结合，然后进行统计学处理，以获得膳食暴露量估计。暴露评估的关键是获得计算暴露量所需的数据。涉及的数据包括膳食摄入量数据、危害物监测数据、研究人群人口学特征数据。膳食摄入量数据一般来自全国或部分地区居民营养与健康状况调查；危害物监测数

据一般由各年度全国或地区食品污染物监测网获取；人口学特征数据一般来自全国或地区居民营养与健康状况调查，主要提供年龄、性别、体重等信息。对上述国家现有膳食调查和污染物监测获得的海量数据进行整合、分类、编码及分布特征研究，可构建符合膳食暴露评估要求的数据库。

（二）基本模型

膳食暴露评估通过整合目标人群的食物消费量和危害物浓度，实现对人群摄入某种和（或）某类危害物的定量估计。根据食物消费量和危害物数据信息，膳食暴露模型可用以下公式表示：食物消费量×危害物残留量（浓度）=膳食暴露量。然而，将这些食物消费量与危害物残留量（浓度）的数据结合起来的模型有很多种，常用的三种膳食暴露评估模型为点评估模型、简单分布（或单一分布）评估模型及概率评估模型。其中点评估模型需要的信息量最少，概率评估模型利用的信息最多，简单分布评估模型介于二者之间。具体评估模型的选择通常依赖于评估目的、目标危害物特征、人群特点、评估精度要求等。

1. 点评估模型

点评估模型是假设每种食品只有一个消费量水平和一个危害物浓度水平，所有的个体对某一特定食品的消费水平是一样的，危害物总是存在于这一食品中，且总是处于一个平均或较高的浓度水平。具体来说，即假定从各种来源的摄入量等于一个食品消费量（如平均的或较高的消费量数据）的固定值乘以一个残留量（浓度）（通常是平均残留量水平、耐受或法规允许值的上限）。根据膳食摄入危害物的性质及评估目的不同，点评估模型可分为急性暴露点评估模型和慢性暴露点评估模型。

JMPR 提出了急性暴露点评估模型——国际短期膳食摄入量（international estimate of short-term intake，IESTI）估计法，在欧盟及国际权威机构制定农药残留 MRL 时得到了较广泛的应用。IESTI 以食品为对象，选取某食品消费人群的高端消费量和危害物的高残留量计算 24h 内的膳食暴露量。该方法主要针对一餐或一天内摄入可能引起急性反应的危害物，通过对其在 24h 内的膳食暴露量与急性参考剂量（ARfD）的比较进行评估。IESTI 采用了食物高消费量和危害物高残留量进行计算，体现了保护大部分消费人群的原则，简便易行，易于推广；但忽略了观察个体的体重、消费量、危害物摄入水平等方面的变异，准确性不够高。点评估采用高水平的值代表食品消费量或危害物浓度数据，把多种食品中的摄入量综合起来时就会导致摄入量评估过高，将高估暴露的风险，产生过度保守值，甚至常常不切实际。

慢性暴露点评估的计算方法是以可能含有某种危害物的食物为对象，以每种食物在总人群（total population）中的平均消费量（每人每天消费量均值）乘以相应食物中危害物残留的中位数，然后将各种食物的数据累加得到总暴露量。慢性暴露点评估模型不考虑变异性和不确定性，其结果通常与每日允许摄入量（ADI）相比较进行评估。需要注意的是，由于采用全人群消费量均值与危害物残留中位数相乘再进行所有食物暴露量的累加，在反映人群平均水平上的暴露时也相对较保守。

2. 简单分布评估模型

简单分布评估模型又称分布点评估模型，该模型在假定某危害物在所有食品中均以最高残留水平存在的同时，考虑相关食品消费量的变异；即在计算每天或每餐危害物摄入量时，食物消费量采用分布形式，而相应危害物浓度采用检测得到的最大值。虽然该模型考虑了食物消费量的变异，但由于危害物仍采用最大检测值，因此暴露估计值仍然相对保守。

点评估和简单分布评估模型趋向于使用“最坏情况”的假设，不考虑危害物在食品中的存在概率，以及不同食品中危害物的浓度差异，而人们持续摄入含有高浓度危害物的食品在实际情况中很少发生，因此这两种评估的实用价值不高。

3. 概率评估模型

概率评估模型是对待评估的危害物在食品中的存在概率、残留水平（浓度）及相关食物的消费量进行统计模拟的模型。此模型需要收集足够的食品中危害物浓度和食物消费量数据，建立数据库，并据此进行评估。通常情况下，法定的市场监督检查要求并不能提供具有统计学意义的分布特征。如果所获得的数据能满足概率统计的要求，此方法可能是最合适的评估方法。通过科学的抽样，将食物中某种危害物的浓度与实际含有该物质的食物消费量相结合，从而可提供一个真实的暴露评估基础，可用于更准确地评估该危害物的暴露量是否超过既定的安全阈值。随机模拟技术（如蒙特卡罗模拟）常被用于建立概率评估模型，这种方法引入了赋值工具，能够为各个参数在指定的数值分布区间随机赋值。随后运用不同参数所被赋予的各个数值和模型中的数学公式进行计算，所得到的结果会被存储。这个步骤会被不断重复几千次，利用不同的数值组合，直至形成一个稳定的分布。得到的结果是一个频率分布，代表了所输入参数的范围和频率。目前已经开发出一些用于这种模拟的商业软件。

如图 2.2 所示，连续假设 A～C 得到 D，能确定 D 值的范围和发生的概率。

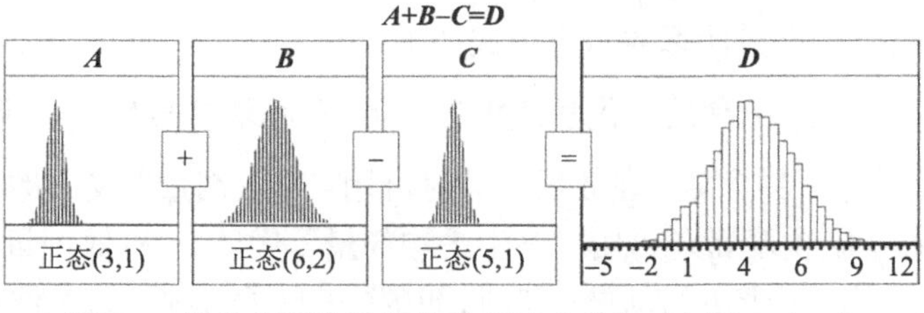

图 2.2　蒙特卡罗模拟软件示意图（引自：宋怿，2005）

由于点评估模型简便易行，易推广，且能保护绝大部分人群，FAO/WHO 及我国食品安全监管部门多采用此种模型进行膳食暴露评估。但由于该模型仅采用某一固定值进行评估（又称确定性估计），无法量化个体水平消费量和食品中危害物水平的变异，且无法对参数估计的不确定性做出说明，因此属于筛选性方法。在特定情况下需要进行更复杂的概率评估。概率评估将个体作为研究对象，通过对可获得的全部数据进行模拟抽样，得到人群的暴露量分布，得到的信息量远大于点评估，结果更符合实际。

总体来说，点评估模型质量最差，不确定性最大，但花费较小；概率评估模型质量最高，不确定性最小，但花费很大。在膳食数据使用上，点评估模型基于模式膳食、地区膳食、国家膳食等群体膳食水平，概率估计模型以家庭个体为单位。在危害物数据使用上，点评估模型多用标准监测数据的最大值，而概率评估模型使用全部监测数据。因此廉价可行且能保证质量的做法是：首先进行点评估，如果点评估远低于安全参考值（如 ADI、ARfD 等），则无须进行概率评估；否则，应使用概率评估模型进行更精细的评估。

（三）假设情景设置

假设情景设置是一个描述影响食品安全性的可能路径范围的架构，包括加工过程、监督检验、贮存、销售及消费。每种假设都包括可能性和严重性。

二、食品中化学性危害的暴露评估

化学危害物的理论总膳食摄入量必须低于相应的 ADI 值，很多情况下，危害物的实际摄入量低于 ADI 值。某种食品中危害物的潜在暴露量主要是产品本身含有的危害物的量和个体摄入食品的量。膳食摄入量的测定可以采用相对直接的方法，即直接测定相应食品中危害物的浓度并调查其消费量。

根据膳食调查及食品中危害物的含量，可以进行人体暴露化学危害物剂量的计算。平均水平（或中位数）和不同人群详细的食品消费数据很重要，特别是易感人群；另外还必须重视膳食摄入量资料的可比性，特别是世界上不同地区的主食消费情况。一般认为，发达国家居民比发展中国家居民摄入更多的食品添加剂，因为他们的膳食中加工食品所占的比率更高。

长期及短期膳食暴露计算的通用公式如下

$$膳食暴露量=食品中化学危害物含量\times食品消费量/人体体重$$

“食品中化学危害物含量”在数据充分时可用“有效剂量”或“吸收剂量”代替，对于长期（慢性）膳食暴露还可用“终生平均剂量”代替。“有效剂量”是指以危害物对人体的伤害程度来表示的剂量；“吸收剂量”是指危害物通过生物屏障到达血液或其他组织的浓度；“终生平均剂量”是指考虑食品摄入量与体重等因素在一生中各年龄段的变化而计算出的剂量。

（一）暴露评估所需的数据资料

1. 食物消费量数据

膳食组成和各种食物消费量有地区和季节的差别，而且是不断变化的。由美国农业部牵头每年开展一次美国全国范围内的营养调查，可以提供丰富而有价值的数据；我国每十年一次的全国营养调查报告提供了城乡居民的各种食物消费量数据。

2. 食品中化学危害物含量数据

以农药残留量为例，数据主要来源于以下几方面。

（1）农药生产企业进行农药登记时提交的大田农作物药效试验报告中的食品作物农药残留量数据。

（2）农药残留监测和经常性市场抽查获得的食品作物农药残留量数据。

（3）总膳食研究时进行市场调查获得的数据。

在食品“从农田到餐桌”的监测数据中，越是流通环节末端的农药残留量数据，对暴露评估越有价值。我国应该用统一检测方法建立与国际接轨的统一布局的监测体系，以获得农药残留量和暴露量的数据，并向社会公开以实现资源共享。

（二）膳食摄入量评估的方法

对于食品添加剂、农药和兽药残留及污染物的暴露评估，主要是根据膳食调查和各种食品中化学物质暴露水平的调查数据进行的。通过计算，可以得到人体对于该种化学物质的暴露量。因此，进行膳食调查和国家食品污染物监测计划是准确进行暴露评估的基础。进行暴露评估需要有关食品的消费量和这些食品中相关化学物质浓度两方面的资料。一般来说，摄入量评估有三种方法：总膳食研究、双份膳食研究和单一食品研究。WHO 制定了化学污染物膳食摄入量的研究准则。总膳食研究是将某一国家或地区的食物进行聚类，按当地菜谱进行烹调成为能够直接入口的样品，通过化学分析获得整个人群的膳食摄入量。双份膳食研究则对个体危害物摄入量的变异研究更加有效，其投入的人力、财力、物力都较大。单一食品研究是针对某些特殊污染物在典型（或称为代表性）地区选择指示性食品（如猪肾中的镉、玉米和花生中的黄曲霉毒素等）进行的研究。总膳食研究和双份膳食研究不能定量测定食品的消费量和危害物的含量，难以很好地判断危害物的来源（有时某种危害物可能仅仅来自某一种食品）；单一食品研究可避免上述缺陷，但由于某些危害物在食品加工、烹饪过程中可能有所损失，也可能被浓缩，因此尽可能采用上述三种方法同时进行。近年来，关于直接测定人体组织和体液中危害物的浓度，据此评估危害物暴露水平的研究日益增多。总体来看，总膳食研究明确地考虑了加工或烹饪过程对食品中危害物水平评估的影响，在提供最准确的膳食摄入各种危害物的整体评估方面比其他方法更准确。因此，本书将重点介绍总膳食研究。

（三）总膳食研究

某种食品中危害物对消费者的潜在暴露量主要来自于食品的加工处理方式、危害物的暴露方式及个体摄入危害物的量。膳食评估时往往缺乏实际膳食摄入量数据，因此需要估算总膳食摄入量和（或）分析每餐摄入量。

例如，对农药残留来说，用于估算膳食摄入量的数据包括当年农作物上的农药使用情况，以及理论每日最大摄入量（theoretical maximum daily intake，TMDI）。TMDI 数值的计算来源于一种农药在所有农作物上的施用数据，而且这种农药的使用必须符合农药使用规范，其残留水平是低于 MRL 的。利用上述数据得到的计算结果就是真实摄入量的一个总的估算，可以进一步采用监控残留试验中获得的平均残留水平对这一数值进行修正。这可以作为一种暴露估算手段取代 MRL。如需更有效地估算膳食摄入农药残留量，需考虑以下数据。

（1）全面的农药使用情况（不仅仅是注册的农药）。

（2）某食品消费占膳食摄入的比例。

（3）最大残留量，平均或在收获期最可能预测的残留量。

（4）农作物中农药残留的传播和分散，以及在加工和烹饪过程中的变化情况。

（5）最好有某食品被人体摄入前的农药残留情况，这对于风险评估来说是相对更准确的数据。

人类的饮食方式多种多样，而在膳食评估的数学模拟过程中往往只采用人体摄入的主要食品。例如，美国 EPA 统计数据显示 1～2 岁的幼儿可能摄入的食品种类多达 395 种，其中前 21 种就已经达到人均累计总摄入量的 80.6%，前 40 种能达到人均累计总摄入量的 90.9%；对于成年人来讲，摄入的食品种类更多，因此在开展膳食研究时要对摄入的食品种类进行调整。一般来说，占总饮食比例小于 0.5%的食品可以忽略不计，从美国 EPA 提供的膳食摄入食品的比例数据得出，计入评估饮食危害物含量的只考虑主要的 30 种食品。

长期（慢性）每日摄入量可以通过以下公式计算。

$$\text{NEDI}=\sum_{n} F_i \times R_i \times C_i \times P_i$$

式中，NEDI [the national estimated（chronic）daily intake]为国家估计（慢性）每日摄入量；F_i 为食品日消费量（kg/d），可再分为进口食品和国内生产食品；R_i 为来源于监控数据的食品中平均农药残留量（mg/kg），可再分为进口食品和国内生产食品；C_i 为化学危害物在食品可食部分上的校正系数；P_i 为食品在加工、储藏、运输及烹饪过程中造成化学危害物含量变化（升高或降低）的校正因子；n 为累计的天数（长期暴露一般从数月到终生）。

短期（急性）膳食暴露风险评估（dietary exposure risk assessment）是估算人们在一天内可能暴露的程度（范围）。化学危害物的膳食暴露量与食品中化学危害物的残留量和人一天内各类食品的消费量有关。

$$\text{NESTI}=\frac{\text{LP}\times R_{\text{co}}\times V}{\text{bw}}$$

式中，NESTI（the national estimate of short-term intake）为国家估计短期摄入量；LP

为大量消费某种食品的数值（食用者的第95.7个百分点，kg）；R_{co}为组合样品中的化学危害物的量（mg/kg）；V为变异系数（单个样品中的最高残留限量除以平均残留值）；bw为体重（kg），该数值由提供LP值的地区提供。

案　例

暴露评估——丙烯酰胺

1. 食品中丙烯酰胺的含量

斯德哥尔摩大学的Tornqvist教授领导的研究小组最早分析发现，某些油炸的马铃薯食品中有较高含量的丙烯酰胺。瑞典国家食品管理局（Swedish National Food Administration，SNFA）对此十分重视，随即组织专家进行研究，研究重点是对多种加工食品进行抽样检测，并采用不同分析方法确证加工食品中检出的丙烯酰胺并不是分析过程中产生的物质。SNFA对市售的油炸薯片、油炸薯条、饼干、面包、比萨饼等多种普通食品进行随机抽样检测，获得了与斯德哥尔摩大学相类似的结果。表2.6为SNFA公布的不同食品中丙烯酰胺的数据。

表2.6　瑞典国家食品管理局（SNFA）公布的相关数据

食物种类	丙烯酰胺含量/（μg/kg）		样本数
	中值	范围	
油炸薯片	1200	330～2300	14
油炸薯条	450	300～1100	9
小饼干	410	<30～650	14
薄脆饼干	140	<30～1900	21
早餐麦片	160	<30～1400	15
玉米片	150	120～180	3
面包	50	<30～160	20
各种油炸食品（如油炸鱼、油炸肉丸等）	40	<30～60	9

数据来源：https://www.livsmedelsverket.se/en/food-and-content/oonskade-amnen/akrylamid[2019-1-16]

由表2.6可以看出，油炸薯片和油炸薯条中有较高含量的丙烯酰胺，而普通蒸煮食品中几乎测不出丙烯酰胺。另外，不同种类油炸薯片和油炸薯条中丙烯酰胺的测定值见表2.7。由表2.7可以看出，约有一半的油炸薯片中丙烯酰胺含量可达1000μg/kg以上，另一半油炸薯片和油炸薯条中丙烯酰胺含量为300～1000μg/kg。

表 2.7　不同种类油炸薯片和油炸薯条中丙烯酰胺的测定结果

食物种类	丙烯酰胺含量/（μg/kg）	样本数
油炸薯片		
原味薯片	332	14
原味薯片（品客）	614	14
烧烤薯片（Estrella）	669	14
薯片	694	14
原味薯片（ICA）	906	14
天然薯片（OLW）	980	14
瑞典薯片（样品 1）	1035	14
炸薯片（KF）	1407	14
烤薯片（OLW）	1418	14
周末薯片（OLW）	1573	14
番茄味薯片（KF）	1594	14
瑞典薯片（样品 2）	1833	14
烧烤薯片（OLW）	2030	14
椒盐薯片（OLW）	2287	14
油炸薯条		
炸薯条（样品 1）	321	9
炸薯条（麦当劳）	379	9
炸薯条（样品 2）	450	9
薯条王（汉堡王，样品 1）	483	9
薯条王（汉堡王，样品 2）	514	9
炸薯条（麦当劳）	755	9
炸薯条（短时油炸）	301	9
炸薯条（长时油炸）	1104	9
炸薯条（样品 3）	367	9

数据来源：https://www.livsmedelsverket.se/en/food-and-content/oonskade-amnen/akrylamid[2019-1-16]
注：括号内的英文字母为国外品牌

英国食品标准局（Food Standards Agency，FSA）随后委托英国中心科学实验室对瑞典的研究结果进行了确证。他们对多种食品中的丙烯酰胺含量进行了分析，并于 2014 年 9 月 1 日在英国 FSA 官方网站上发布了结果，见表 2.8。

表 2.8　英国 FSA 公布的最新相关数据

食物种类	丙烯酰胺含量/（μg/kg）		样本数
	中值	范围	
炸薯条（即食）	212	38～759	20
油炸马铃薯片	464	162～1348	10
预煮法式炸薯条	326	14～2634	15
软面包（白）	19	10～35	9
软面包（全麦）	33	25～42	4
软面包（其他）	17	9～32	7
早餐谷物燕麦	289	30～1044	20
咸饼干	223	75～572	6
薄脆饼干	256	34～384	3
煎饼	125	—	1
其他	349	27～1328	10
咖啡及咖啡替代品（烘烤）	165	136～232	8
咖啡及咖啡替代品（即溶）	649	462～765	6
咖啡及咖啡替代品（其他）	368	11～1055	6

数据来源：http://www.food.gov.uk[2019-1-16]

对油炸薯片原料、煮熟薯条、油炸薯片和油炸薯条的分析结果证实了生马铃薯原料与煮熟马铃薯中不含丙烯酰胺，而油炸马铃薯食品中有较高含量的丙烯酰胺。此外，油炸薯条中丙烯酰胺含量随油炸时间而变化，过度油炸薯条中的丙烯酰胺含量明显高于适度油炸薯条，说明过度油炸将进一步增加薯条中的丙烯酰胺的含量。

FAO/WHO 联合公布了食品中丙烯酰胺含量的数据，由表 2.9 中的数据可以看出，FAO/WHO 所得结果与瑞典和英国的研究结果基本一致。

表 2.9　FAO/WHO 联合公布的调查数据

食物种类	丙烯酰胺含量/（μg/kg）			样本数
	均值	中值	范围	
炸薯片	1312	1343	170～2287	38
马铃薯片	537	330	＜50～3500	39
煎类食品	36	36	＜30～42	2

续表

食物种类	丙烯酰胺含量/（μg/kg）			样本数
	均值	中值	范围	
焙烤食品	112	<50	<50～450	19
饼干（薄脆饼干）	423	142	<30～3200	58
早餐麦片	298	150	<30～1346	29
玉米片	218	167	34～416	7
面包	50	30	<30～162	41
鱼和海产品（煎的，碎的）	35	35	30～39	4
禽肉食品（煎的，碎的）	52	52	39～64	2
速溶麦芽饮料	50	50	<50～70	3
巧克力	75	75	<50～100	2
咖啡粉	200	200	170～230	3
啤酒	<30	<30	<30	1

数据来源：http://www.acrylamide-food.org[2019-1-16]

中国检验检疫科学研究院通过建立的食品中丙烯酰胺的溴衍生气相色谱-质谱（GC-MS）分析检测方法，检测了多地某些品牌、口味的炸薯片和快餐店炸薯条中丙烯酰胺的含量，见表 2.10。结果显示：薯片和薯条中均检出较高含量的丙烯酰胺。

表 2.10　食品中丙烯酰胺的含量（引自：束琴霞等，2013；陈旭明等，2014；孟娟娟，2014）

食品种类	采样地点	采样时间	丙烯酰胺含量平均值/（μg/kg）
可乐薯片	潮州市	2012.06	371
留香薯片	潮州市	2012.06	350
椒盐薯片	潮州市	2012.07	304
小新薯条	潮州市	2012.07	457
炸薯片	扬州市	2013.11	750～4300
炸薯条	扬州市	2013.11	3800～9650
炸薯片	广东省	2010.08	586
炸薯片	咸阳市	2012.07	898
炸薯条	咸阳市	2012.07	471
薯片类	—	2015.04	289

2. 膳食暴露数据

成人丙烯酰胺摄入的数据来源于国际食品调查 NORKOST1997（一项基于 180 项定量食品频次的问卷，样本为 1291 位男性和 1381 位女性，年龄 16～79 岁），而儿童和青少年的数据来源于国际食品调查 UNGKOST2000（一项为期 4 天的食品调查，样本为 391 个 4 岁儿童，1658 个 9 岁女童，1299 个 9 岁男童，2068 个 13 岁女童和 1711 个 13 岁男童）。表 2.11 列出了男性和女性丙烯酰胺的平均摄入量。因为男性青少年是消费的主要人群，所以同时对 16～30 岁男性人群的摄入量进行了单独的估算。

表 2.11　男性和女性丙烯酰胺摄入量（引自：Johnson，1997）

项目	摄入量/（μg/d）			摄入量/[μg/（kg 体重·d）]		
	男性（n=1291）	男性 16～30 岁（n=359）	女性（n=1381）	男性（n=1291）	男性 16～30 岁（n=359）	女性（n=1381）
平均值	27	40	20	0.36	0.53	0.33
中值	20	29	16	0.30	0.40	0.30
第 90 百分点	52	79	38	0.70	1.00	0.60
第 97.5 百分点	99	135	65	1.30	1.80	1.10

注：由于各类食品消费和摄入数据的不确定性（参加者的误报、数据处理的错误等因素造成），因此目前国际上不使用最大摄入量的数据，而建议采用第 90、第 97.5 百分点的数据

另外，丙烯酰胺总摄入量中各种食品的来源分布情况见表 2.12。从表 2.12 的数据得出，因食用油炸薯条而摄入丙烯酰胺的量所占的比例最大，接近总丙烯酰胺摄入量的 1/3。特别需要强调的是，对于青年男性，由于食用油炸马铃薯食品和其他快餐食品而摄入丙烯酰胺的比例甚至超过 40%。

表 2.12　丙烯酰胺总摄入量中各种食品的来源分布（引自：Johnson，1997）

食物种类	平均摄入量		
	男性/（27μg/d）	男性 16～30 岁/（40μg/d）	女性/（20μg/d）
面包	18.5	13.1	16.6
吐司面包	1.1	0.8	1.0
谷物面包	6.3	5.3	5.4
杂粮面包	11.1	7.0	10.2
其他	10.7	7.8	17.1
薄脆饼干（轻油）	<0.1	<0.1	<0.1
薄脆饼干（重油）	6.3	2.5	14.2

续表

食物种类	平均摄入量		
	男性/（27μg/d）	男性 16～30 岁/（40μg/d）	女性/（20μg/d）
马铃薯饼	4.4	5.3	2.9
比萨饼	3.7	4.5	2.9
早餐麦片	1.1	1.3	1.0
松糕	2.6	1.8	3.4
点心	7.0	4.1	8.3
油炸薯片（样品 1）	10.4	9.0	8.8
油炸薯条	11.1	13.3	8.8
肉球等	3.0	1.8	2.4
鱼条等	0.4	0.3	0.5
油炸薯片（样品 2）	24.4	32.6	24.4
其他零食	7.0	10.5	6.4

表 2.13 列出了在被调查的受试者中，摄入丙烯酰胺最高的人群食用油炸马铃薯食品和其他快餐的量与其他受试者的差别。结果说明：丙烯酰胺摄入较高的人群，无论男性或女性，饮食中摄入油炸的马铃薯食品和其他的快餐食品的量明显高于其他受试者。这个结论从另一个侧面反映了食用油炸马铃薯食品和快餐食品与摄入丙烯酰胺的关系。

表 2.13　丙烯酰胺摄入最高的人群食用油炸马铃薯食品和其他快餐的量与其他受试者的差别（引自：Johnson，1997）

食物种类	平均膳食摄入量/（μg/d）			
	男性		女性	
	丙烯酰胺摄入最高的人群	其他	丙烯酰胺摄入最高的人群	其他
炸薯片	28	5	14	4
炸薯条	30	4	16	3
其他快餐	17	2	8	1

另外，表 2.14 列出了年龄分别为 9 岁、13 岁的儿童摄入丙烯酰胺的量。

表 2.14　年龄分别为 9 岁、13 岁的儿童摄入丙烯酰胺的量
（引自：Øverby and Andersen，2000）

项目	9 岁男童 /[μg/（kg 体重 ·d）]（n=1299）	9 岁女童 /[μg/（kg 体重 ·d）]（n=1658）	13 岁男童 /[μg/（kg 体重 ·d）]（n=1711）	13 岁女童 /[μg/（kg 体重 ·d）]（n=2068）
平均值	0.36	0.32	0.52	0.49
中值	0.23	0.25	0.30	0.28
第 90 百分点	0.72	0.61	1.35	1.20
第 97.5 百分点	1.50	1.10	2.85	2.07

将表 2.11 与表 2.14 的数据进行比较不难看出，9 岁、13 岁儿童与成人的丙烯酰胺摄入量基本上在相同的水平。这部分儿童摄入丙烯酰胺的主要途径是食用油炸马铃薯食品和快餐食品。13 岁儿童丙烯酰胺摄入量明显高于 9 岁儿童及成人的摄入量，造成这一结果的主要原因很可能是 13 岁儿童对油炸薯条等的摄入量较大。

3. 致癌性评估

SNFA 和挪威科学委员会（Norwegian Scientific Committee）根据受试人群对食物的摄取情况和丙烯酰胺的日摄入数据，评价了摄入食品中的丙烯酰胺引起癌症的风险，结果见表 2.15。

表 2.15　摄入食物中的丙烯酰胺引起癌症的风险（引自：Freddie，2001）

项目	日摄入量/[μg/（kg 体重 · d）]	癌症风险/$\times 10^{-3}$
成年男性	0.36（平均值）	0.5（平均值）
	0.30	0.4
	0.70	0.9
	1.30	1.7
成年女性	0.33（平均值）	0.4（平均值）
	0.30	0.4
	0.60	0.8
	1.10	1.4

从表 2.15 可以看出：暴露于食物中的丙烯酰胺可能引发癌症的风险，成年男性的丙烯酰胺日平均摄入量是 0.36μg/（kg 体重 · d），癌症风险为 0.5×10^{-3}（即 10 000 人中可能有 5 人因为摄入丙烯酰胺而致癌），成年女性的丙烯酰胺日平均摄入量为 0.33μg/（kg 体重 · d），癌症风险为 0.4×10^{-3}，女性的风险低于男性。其中男性在摄入量最高时产生的最大风险为 1.7×10^{-3}，这个数值明显高于 WHO 公布的在饮用水中可接受的具有基因毒性致癌物所引起的最大风险水平（1×10^{-5}）。以上风险评估的前提是假定各

种食物中的丙烯酰胺通过胃肠道吸收的生物利用度为100%。但是，实际上由于不同食物的组成不同，对丙烯酰胺的吸收产生的影响不同，很可能降低丙烯酰胺的生物利用度。目前，还没有关于不同食物中丙烯酰胺生物利用度的文献和数据。

三、食品中生物性危害的暴露评估

（一）步骤和方法

食品中生物性危害的暴露评估的目的是提供食品中病原体的数量或细菌性毒素水平的估计值，以及目标人群对该危害物的摄入水平的估计值。食品中生物性危害的暴露评估主要通过以下步骤进行。

1. 明确暴露源与暴露路径

包括明确媒介物（如是否为即食食品）、暴露单位（如摄入该种食品的数量）、暴露路径、暴露人群的大小及人数统计、暴露的时空性和持续性、暴露人群的行为特征等。CAC 风险评估原理框架中规定的暴露路径是暴露评估的一个重要组成部分，是生物性、化学性或物理性因子从已知来源到被暴露个体的路线。尤其对于生物性危害因子而言，通常要根据食物原料的来源考虑“从农田到餐桌”或“从产地到餐桌”的全过程。

例如，烤鸡所携带病原菌的暴露路径可能是：产地的繁殖—运输—其他收获前的干预策略—屠宰和加工—由于脱毛而发生的变化—由于掏膛而发生的变化—清洗和其他处理的效果—冷却和冷冻的效果—加工后的变化—家庭制备—交叉污染模式—已烹调鸡的暴露—食用。

而海鲜食品如生牡蛎所携带病原菌的暴露路径可能是：在收获阶段为区域、季节和年份变化—水温和水的盐度—总病原菌数—致病性；在收获后阶段为收获时的病原菌数和冷冻时间、空气温度—第一次冷冻时的病原菌数—温度下降时的病原菌数—消费时的病原菌数；在消费阶段为消费的病原菌数、每份牡蛎的数量和每个牡蛎的重量—摄入的剂量—患者的风险。

2. 确定风险食品的污染情况

主要是收集有关该病原体的生态学特性，以及其对周围环境的反应，如获取营养物质的能力、适宜的温度及 pH 等；这些特性可以影响该病原体在某一特定传播工具中出现、存活、繁殖或死亡的能力。确定污染情况主要是明确该病原体的出现频率、水平或浓度（如可能被污染的食品样品的数量或比例，可能摄入的病原体的数量及其内在可变性）。

3. 信息的整合

应重点整合以下三类信息：①与原材料中该危害物污染情况有关的资料；②可

能对发病水平及分布情况产生影响的加工、销售、处理、预准备和使用过程等的相关信息；③注意消费-使用的模式及可能影响病原体水平的消费者行为特征。

暴露评估必须考虑的因素包括食品被致病因子污染的频率，以及随时间变化食品中致病因子的含量水平。这些因素受以下方面的影响：致病因子的特性，食品的微生物存在状况，食品原料的最初污染情况（包括对产品的地区差异和季节性差异的考虑），卫生设施水平和加工进程控制，加工工艺，包装材料，食品的储存和销售，以及任何食用前的处理（如对食品的烹饪）。评估中必须考虑的另一个因素是食用方式，这与以下方面有关：社会经济和文化背景、种族特点、季节性、年龄差异、地区差异，以及消费者的个人喜好。还需要考虑的其他因素包括：作为污染源的食品加工者的角色，对产品的直接接触量，突变时间（温度条件）的潜在影响。

微生物致病菌的含量水平是动态变化的，它们可以维持低水平，如在食品加工中采用适当的时间（温度条件）控制。在特定条件下它们会明显增加，如不合适的食品储藏温度或者与其他食品的交叉污染。因此，暴露评估应该描述食品从生产到食用的整个途径，能够预测可能的与食品接触的方式。这样可以反映加工对食品的影响，如卫生方案，净化和消毒，食品加工厂的时间（温度条件）和其他条件，食品的处理和食用方式，调控和监视系统。

暴露评估估计了在各种水平不确定的情况下，微生物致病菌或微生物毒素的含量水平，以及在食用时它们出现的可能性。可以根据以下因素将食品定性地分类：食品原料会不会被污染，食品会不会支持致病菌的生长，对食品的处理会不会造成致病菌的潜伏性，食品受不受加热工艺的限制，以及微生物的生存、繁殖、生长和死亡受加工包装、储藏环境（包括温度、相对湿度、气体成分）的影响。其他相关因素包括 pH、水分含量、水的活性、抗菌物质的存在及竞争的微生物区系。

食品中生物性危害的暴露评估是一个非常复杂的过程，由于病原菌是在不断生长和死亡的，因此风险评估者不可能准确地预测食品消费前的病原菌数量。为了定量估计人群中随机个体摄入病原菌的数量，必须使用模型做出预测。预测微生物学是暴露量评估的有用工具。定性风险评估只需要简单的模型来描述暴露路径。定量风险评估则需要数学模型来预测病原菌对环境条件的生长、死亡和存活反应，以及估计病原菌在食品消费前的数量。数学模型可描述病原菌的数量是如何随着时间而改变的，以及环境条件对病原菌变化率的影响，可用于制作微生物预测模型。定量模型结合“从农田到餐桌”整个系统中的每一个关键点的测量数据来估计食物链终端消费者的风险。

案　例

暴露评估——李斯特菌

澳大利亚 Nero Mahoney 等从国家营养监控（National Nutrition Survey）中心获得的数据表明，表 2.16 中人口的虾消费水平属于风险状态。

表 2.16 澳大利亚人口的虾消费水平

人口组成	消费者的百分比	平均消费量/（g/餐）
所有消费者（15～64 岁）	1.6%（9471）	73.9
老年人（65 岁以上）	1.1%（1960）	96.0
妇女（16～44 岁）	1.6%（3178）	49.7

注：“消费者的百分比”一列中括号内为调查人数

从生产到消费过程中危害和食品间的相互作用包括以下几方面。

（1）虾自身提供李斯特菌生长和生存的环境，若烹饪后的虾中有活菌存在则认为是后处理过程中受到污染。

（2）最初污染水平为典型的＜50cfu/g。

（3）储存在冰箱中的虾只有很短的货架期，在李斯特菌繁殖到具有危险的水平之前，虾已经变质到不可食用的程度。

（4）用数学模型对不同情况下的影响进行估计暴露。

（5）其表达方式为一个受关注的个体每年消费被污染虾的餐数。

（二）对虾中某种生物性危害物的暴露评估

下面以对虾中某种特定生物性危害物的暴露评估为例，介绍生物性危害暴露评估的具体过程（宋怿，2005）。

1. 明确风险源——对虾中该种生物性危害物的暴露路径

即对食品链进行过程描述。在对所关注食品（危害）整个食品链的深刻理解的基础上，找出其中的关键步骤，合理简化后，结合假设情景设置，从而描述该产品“从农田到餐桌”的全过程。

在本例中，对虾中的该种生物性危害物的暴露路径可描述为捕捞前—捕获后（运输）—加工—消费的过程（图 2.3）。

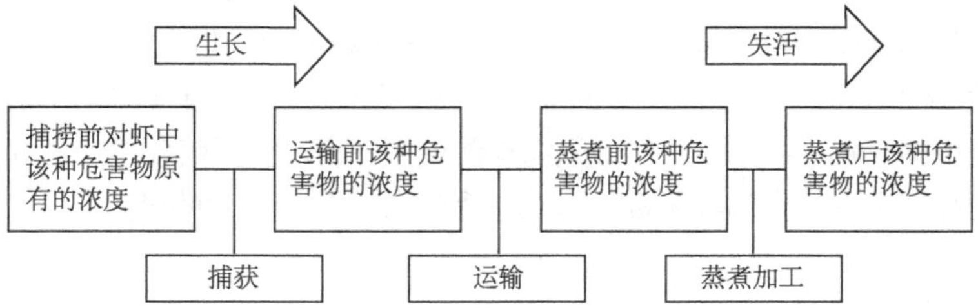

图 2.3 对虾中的该种危害物的过程描述（引自：宋怿，2005）

2. 进行过程风险建模

过程建模是指在过程描述的基础上，通过数学模型的建立，反映食品链各主要步骤间所关注的危害物的感染概率与浓度变化情况，以及其最终暴露概率和感染概率。

在本例中，我们根据对虾从捕捞到最后被消费者摄入的实际情况，确定过程风险模型（图 2.4）。

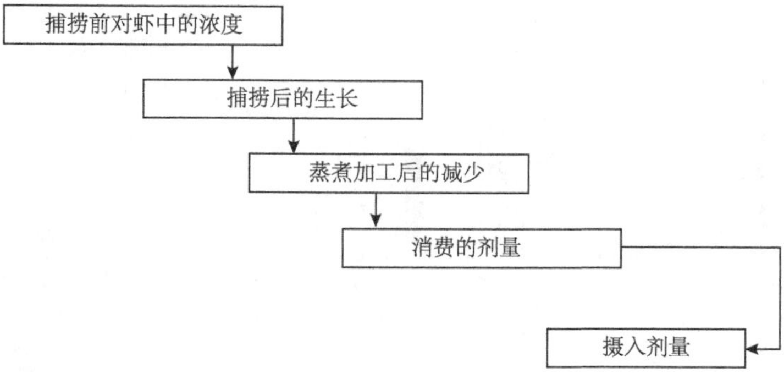

图 2.4 对虾中的该种危害物的过程风险模型（引自：宋怿，2005）

其中，对虾中捕捞前、运输前、蒸煮前和蒸煮后该种危害物的浓度反映了其从生长到失活的过程。另外，需要指出的是，为了简便起见，在本例中并没有涉及交叉污染的影响，而在实际工作中，这方面需要给予足够注意。

3. 数据收集

通过资料收集，我们获得了捕捞前、运输前、蒸煮前和蒸煮后的危害物浓度的相关资料，并得到以下两组数据。

（1）一般情况下对虾中的该种危害物的浓度（平均值）：①捕捞前对虾中的该种危害物的浓度（cfu/g）的对数值为 2.0；②运输过程中由生长引起的对虾中该种危害物的浓度增加量（cfu/g）的对数值为 1.5；③蒸煮加工使部分该种危害物失活，其浓度减少量（cfu/g）的对数值为 3.6；④对虾的消费剂量为 53g。

（2）最坏情况下对虾中的该种危害物的浓度（极值）：①捕捞前对虾中的该种危害物的浓度（cfu/g）的对数值为 4.0；②运输过程中由生长引起的对虾中该种危害物的浓度增加量（cfu/g）的对数值为 1.85；③蒸煮加工使部分该种危害物失活，其浓度减少量（cfu/g）的对数值为 2.5；④对虾的消费剂量为 85g。

4. 应用统计学中相关分布进行参数点估计和概率估计

（1）捕捞前对虾中该种危害物浓度的对数值的参数点估计及统计分布见图 2.5A。

根据风险评估的参数点估计，捕捞前对虾中该种危害物浓度（cfu/g）的对数值的平均值等于 2.0，第 95 百分点等于 4.0；根据风险评估的概率分布，捕捞前对虾中该种危害物浓度（cfu/g）的对数为均值的统计分布是平均值等于 2.0、标准偏差等于 1.0 的对数正态分布，即对数正态分布（2.0，1.0）。

（2）捕捞后运输过程中对虾中该种危害物浓度增加量的对数值的参数点估计及统计分布见图 2.5B。

根据风险评估的参数点估计，捕捞后运输过程中对虾中该种危害物浓度增加量

（cfu/g）的对数值的平均值等于 1.5，第 95 百分点等于 1.9；根据风险评估的概率分布，捕捞前对虾中该种危害物浓度（cfu/g）的对数值的统计分布是最小值等于 1.0、中间值等于 1.5、最大值等于 2.0 的三角分布，即三角分布（1.0，1.5，2.0）。

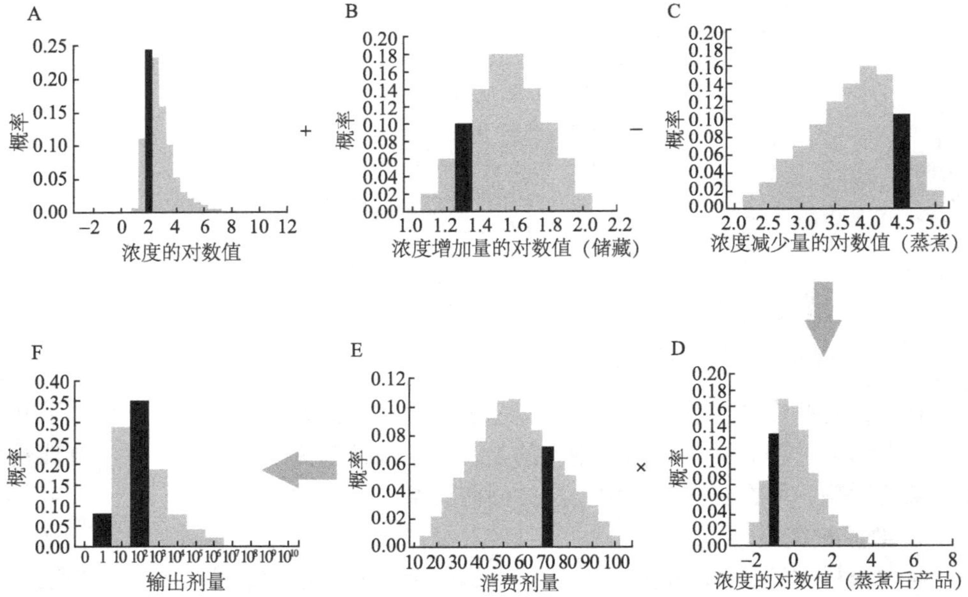

图 2.5　利用蒙特卡罗模拟软件求得单个“样品”的摄入剂量概率分布

（引自：宋怿，2005）

（3）蒸煮加工后对虾中该种危害物浓度减少量的对数值的参数点估计及统计分布见图 2.5C。

根据风险评估的参数点估计，蒸煮加工后对虾中该种危害物浓度减少量（cfu/g）的对数值的平均值等于 3.6，第 95 百分点等于 2.5；根据风险评估的概率分布，捕捞前对虾中该种危害物浓度（cfu/g）的对数值的统计分布是最小值等于 2.0、中间值等于 4.0、最大值等于 5.0 的三角分布，即三角分布（2.0，4.0，5.0）。

（4）对虾消费剂量的参数点估计及统计分布见图 2.5E。

根据风险评估的参数点估计，对虾消费剂量的平均值等于 53，第 95 百分点等于 85；根据风险评估的概率分布，对虾消费剂量的统计分布是最小值等于 10、中间值等于 50、最大值等于 100 的三角分布，即三角分布（10，50，100）。

5. 摄入剂量的计算

（1）简单的摄入剂量参数点估计可以应用式（2-1）进行计算。

摄入剂量=［对虾中原有危害物的浓度+增加量（运输）−减少量（蒸煮加工）］×消费剂量　　（2-1）

（2）可能性分布和蒙特卡罗模拟软件。

式（2-1）虽然具有简便、易于操作等优点，但它只能表示某个特定的暴露情况参数点，不能反映暴露情况的复杂性。因此在实际风险评估过程中，我们通常要进行暴露评估的可能性分析。

这一工作的计算量是非常巨大的，因此通常要借助于计算机和相应的辅助性软件才能完成。蒙特卡罗模拟软件就是其中一种较为常用的模拟软件。

当我们得知事件 A、B、C 和 D 存在以下关系时：$A+B-C=D$；并且已知事件 A、B、C 的分布情况，则可通过蒙特卡罗模拟软件，输入 A、B、C、D 的计算公式和 A、B、C 的概率分布数据，从而获得相应 D 的概率分布情况（图 2.2）。

因此，对于本例已知各概率分布情况，从中进行随机抽样，我们可利用蒙特卡罗模拟软件求得单个“样品”的摄入剂量概率分布（图 2.5）。

（3）最终的暴露评估结果。

这样，可获得最终的摄入剂量概率分布，由图 2.6 可见：该种危害物的摄入剂量的平均估计值为 36cfu，保守估计值为 152 000cfu。

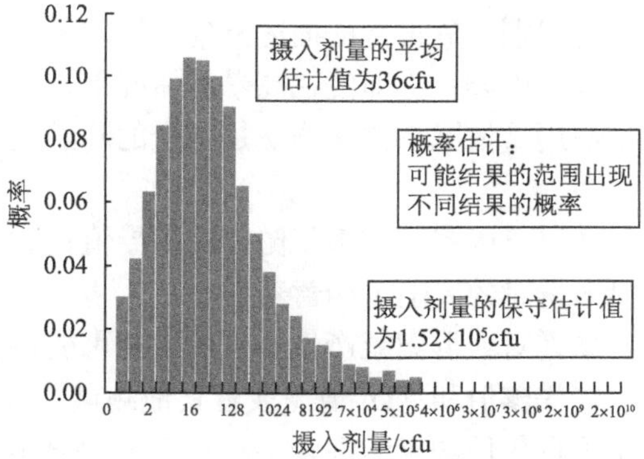

图 2.6　最终的摄入剂量概率分布（引自：宋怿，2005）

四、暴露评估过程中的不确定性和变异性

暴露评估过程中的不确定性和变异性主要有以下几方面。

（1）用于表达摄入量的任何模型所带来的不确定性。

（2）产品中某一因素的检测值，或者该产品原料中（包括土壤、植物或动物体）该因素的检测值产生的不确定性和变异性。

（3）某一因素在加工、烹调、稀释等过程中的变化，包括水平的下降率或富集率产生的不确定性和变异性。

（4）人体暴露于某产品的频率和强度产生的不确定性和变异性。

（5）人体暴露于某产品的时间周期或寿命分数（the fraction of a lifetime）产生的不确定性和变异性。

（6）某种健康损害效果在临床上能检测到的平均时间产生的不确定性和变异性。

暴露评估的一个重要组成部分是确定暴露路径，即危害因素从已知来源进入个体的过程。对于食品中的危害因素，化学物质和微生物在土壤、植物、动物及食品中的浓度与个体进食时的浓度是不同的。对食物原料的贮存、加工和烹调，均可能导致危害物浓度的变化，因此，食用时危害物的量与暴露路径源头危害物的量存在显著的不确定性。

第五节　风险特征描述

风险特征描述（risk characterization）：是指在危害识别、危害特征描述及暴露评估的基础上，对特定人群中产生已知或潜在不良健康影响的可能性和严重性进行的定性或定量的估计，包括相关的不确定性。具体来说，风险特征描述是指在危害识别的基础上对暴露评估和危害特征描述阶段得到的相关数据及信息进行编辑、整合，并形成最后的风险评估结果的过程。

定性估计是根据危害识别、危害特征描述及暴露评估的结果给予高、中、低风险的估计。其建议包括以下内容：①即便在高暴露情况下，该化学物质也没有毒性的陈述或证据；②特定使用量情况下化学物质是安全的陈述或证据；③避免、降低或减少暴露的建议。

定量估计的建议包括以下内容：①基于健康的指导值；②不同暴露水平的风险估计；③最低和最高摄入量时的风险（如营养素）。

风险特征描述是就暴露对人群健康产生不良效果的可能性进行估计，对于有阈值的化学物质，就是比较暴露值和ADI值（或者其他测量值），暴露值小于ADI值时，则对人体健康产生不良作用的可能性较小；对于无阈值物质，人群的风险是暴露和效力的综合结果。同时，风险特征描述需要说明风险评估过程中每一步所涉及的不确定性。将动物试验的结果外推到人可能产生两种类型的不确定性。①动物试验结果外推到人时的不确定性。例如，喂养丁基羟基茴香醚（BHA）的大鼠发生前胃肿瘤和甜味素引发小鼠神经毒性作用可能并不适用于人。②人体对某种化学物质的特异易感性未必能在实验动物上发现，如人对谷氨酸盐的过敏反应。在实际工作中，这些不确定性可以通过专家判断和进行额外的试验（特别是人体试验）加以克服。

无显著风险水平是指即使终生暴露在此条件下，该危害物也不会对人体产生伤害。

风险特征描述的内容包括以下几点。

（1）风险的性质特征和产生不良影响的可能性。

（2）哪些人属于该风险的易感人群。

（3）不良影响的严重性及不良影响是否可逆。

（4）风险特征中的不确定性和变异性。

（5）进行风险评估的科学证据有哪些，是否充分、可信。

（6）风险评估及其所做出的预测的可信程度有多高时，为风险管理提供部分可选择的措施。

在进行风险特征描述时必须清晰地解释风险评估过程中每一步所涉及的变异性和不确定性，包括由于科学数据缺失而产生的不确定性及易感人群的相关信息。具体包括以下几方面。

（1）变异性和不确定性的辨别。

（2）模型不确定性和参数不确定性：①模型的性质；②探讨模型不确定性的方法；③表达和扩大参数变差的方法；④敏感性分析。

（3）危害识别中的不确定性和变异性。

（4）危害特征描述中的不确定性和变异性。

（5）暴露评估中的不确定性和变异性。

（6）风险特征描述中的不确定性和变异性。

一、食品中化学性危害的风险特征描述

在对化学危害物的风险评估过程中，风险特征描述的结果是提供人体摄入化学物质后对健康产生不良作用的可能性的估计，它是危害识别、危害特征描述和暴露评估的综合结果。

（一）基本原理

1. 风险特征描述的原理

风险特征描述的原理主要基于以下公式。

$$E=fD$$

或

$$E=f(D-D_0)$$

式中，E 为效果；f 为表示函数；D 为剂量；D_0 为基准剂量。

原则上，如果暴露评估的结果可信准确，剂量-反应的数据质量较高，并能涵盖暴露的范围，相关物种的数据也能得到，那么，风险特征描述将比较简单。

2. 有阈值的化学危害物

对于有阈值的化学危害物，其对人群的风险采用摄入量与 ADI 值（或其他测量值）的比较作为风险特征描述。如果所评价物质的摄入量比 ADI 值小，则对人体健康产生不良作用的可能性较小，其对食品安全影响的风险是可以接受的。

1）安全限值　安全限值（margin of safety，MOS）=ADI/暴露量。

若 MOS＞1，则该危害物对食品安全影响的风险是可以接受的。

若 MOS≤1，则该危害物对食品安全影响的风险超过了可以接受的限度，应当

采取适当的风险管理措施。

2）限定最高残留限量　若需推导制定最高残留限量，则可按以下公式进行计算。

$$食品中的最高残留限量（MRL）=ADI\times W/M\times N$$

式中，MRL 为食品中最高残留限量，单位为毫克每千克（mg/kg）；ADI 为每日允许摄入量，等于实验动物无可见作用剂量水平（NOEL）除以安全系数，单位为毫克每千克（mg/kg）；W 为平均体重，单位为千克（kg）；M 为人每日食物摄入总量，单位为千克（kg）；N 为食品系数（food factor），指被测定的食品占食品总量的百分率（%）。

化学物质的风险特征描述应当遵守以下原则：农药残留的结果不应高于良好农业规范（good agricultural practices）的结果；日摄入食品中总的农药残留量（如膳食摄入量）不应超过可以接受的日摄入量；其他化学物质，如兽药残留、动物源性食品靶器官的兽药残留量不应超过制定的相应 MRL 值，食品添加剂不得超过相应的最大限量（maximum limit，ML）值。

农药和兽药的最高残留限量及食品添加剂的最高用量可依它们的使用情况而定。例如，一定水平的残留量直到消费时都很稳定的情况下，最高残留限量才与实际摄入量相当。但是很多情况下食品中化学危害物的量在食用前可能发生变化，如某些危害物在食品贮存、运输、加工等过程中可能降解或蓄积。因此，制定最高残留限量时必须考虑食品在消费前危害物性质和含量的变化情况。

3. 无阈值的化学危害物

如果所评估的危害物没有阈值，对人群的风险是摄入量和危害程度的综合结果，即

$$化学危害物风险=摄入量\times危害程度$$

（二）不确定因素的描述

1. 需要描述不确定因素的原因

（1）合适的或真正可以使用的数据比较少，所使用的暴露路径不恰当、缺乏长期研究的数据（数据基础因素）。

（2）推测的影响和应用动物试验剂量-反应数据的科学基础不充分；从短期精确到长时间序列外推数据的不确定性或实验室模拟真实情况的影响。

（3）暴露评估的不确定性。

2. 不确定因素的描述方法

（1）动物数据外推的不确定性。

（2）易感人群的额外不确定因素。

（3）尽管已经表明默认不确定系数对于反映风险评估的不确定度有积极的作用，但从科学观点来说这种方法是不精确的。

案　例

风险特征描述——丙烯酰胺

根据丙烯酰胺的毒理学特性、各类食物中丙烯酰胺的含量、膳食摄入和暴露的数据，通过危害识别、危害特征描述和暴露评估步骤，得出以下结论。

油炸马铃薯食品中含有较高含量的丙烯酰胺，而且油炸薯片和薯条中丙烯酰胺的含量随油炸时间而变化。

目前的数据显示，油炸马铃薯食品对丙烯酰胺的膳食摄入量贡献最大。

9 岁、13 岁的儿童与成人的丙烯酰胺的摄入量在相同水平。16～30 岁的青年人和 13 岁的儿童是从食品中摄入丙烯酰胺的最危险人群。

人和动物试验表明，丙烯酰胺具有神经毒性、生殖毒性、致癌性和致突变性。1994 年 IARC 将其列为对人体具有潜在致癌性的 2A 类致癌物。尽管目前仍然缺少丙烯酰胺对人类毒性的剂量-反应关系的数据，但是在啮齿类动物研究结果的基础上，丙烯酰胺神经病变的 NOAEL 为 0.5mg/（kg 体重·d）。如以 10 作为安全系数，对人体无神经毒性作用的日摄入量大于 0.012mg/kg 体重。

根据 SNFA 和挪威科学委员会的评估，成年男子和女子的丙烯酰胺日摄入量分别是 0.36μg/（kg 体重·d）和 0.33μg/（kg 体重·d）时，癌症风险分别为 0.5×10^{-3} 和 0.4×10^{-3}，其中男性在摄入量最高时产生的最大风险为 1.7×10^{-3}（即 10 000 人中可能有 17 人是因摄入丙烯酰胺而致癌），明显高于 WHO 公布的在饮用水中可接受的具有基因毒性致癌物所引起的最大风险水平（1×10^{-5}）。

根据我国市场上现有销售的炸薯片和薯条中丙烯酰胺的平均含量，如果一名儿童（假设体重为 10kg）一次吃 100g 薯片，就已经超过了 WHO 评估的“日摄入量不能超过 0.012mg/kg 体重”值；假设一名成年男子（体重 70kg）日摄入 100g 炸薯条或薯片后，丙烯酰胺的日摄入量为 0.81～2.88μg/kg 体重，根据 SNFA 和挪威科学委员会的评估情况，将存在较高的健康风险。

二、食品中生物性危害的风险特征描述

与公众健康有关的生物性危害包括致病性细菌、病毒、蠕虫、原生动物、藻类和它们产生的某些毒素。目前全球食品安全最显著的危害是致病性细菌。就生物性危害而言，由于目前尚无一套较为统一的科学风险评估方法，因此一般认为，食品中的生物性危害应该完全消除或者降低到一个可接受的水平。

生物性危害的风险特征描述主要包括两个方面的内容：一是按照该风险的种类、

严重性和可能发生的不良影响定性描述整个风险事件；二是定性或定量评价风险产生的不良影响的类型及程度。定性的风险特征描述主要取决于：特定的食品种类、病原体的生态学知识、流行病学数据，以及专家对和生产、加工、贮存、烹调等过程相关的危害的判断。定量的风险特征描述可以用每餐摄入风险、每餐摄入风险-概率分布图、年风险、年发病数等不同方式表达。

每餐摄入风险（risk per serving，RS），是最常用的结果表达方式，表示每人每餐摄入危害物并引起不良影响的可能性，也可理解为一定人数的人群暴露于特定危害物并发生不良影响的可能性。如果所关注的总人数为 10 000 人，$RS=10^{-4}$，可理解为在这 10 000 人中，有 1 人将暴露于危害物下并发生不良影响。

将每餐摄入风险作为横坐标，发生每餐摄入风险的概率作为纵坐标，即可得到每餐摄入风险-概率分布图。如果所关注人数为 1 000 000 人，那么当每餐摄入风险为 10^{-4} 时对应的概率为 0.15，即可理解为在 1 000 000 人中暴露于特定危害物并发生不良影响的人数为 100 人的概率为 0.15；当每餐摄入风险为 10^{-6} 时，对应的概率为 0.20，可理解为在 1 000 000 人中暴露于特定危害物并发生不良影响的人数为 1 人的概率为 0.20。

每餐摄入风险-概率分布图中曲线的形状有助于对风险特征的理解。图 2.7 是 3 种不同的每餐摄入风险-概率分布图。

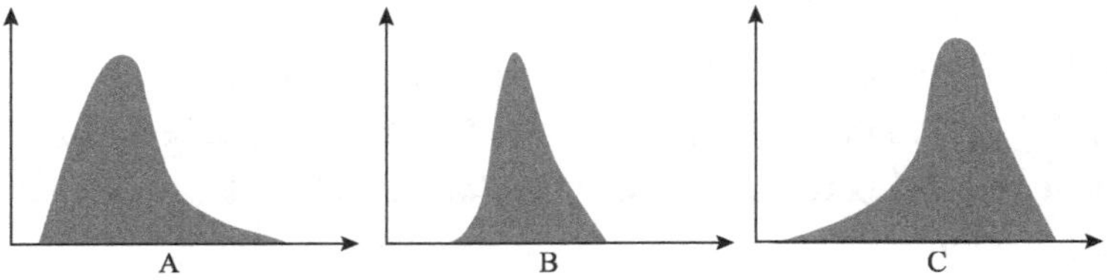

图 2.7　3 种不同的每餐摄入风险-概率分布图（引自：宋怿，2005）

相对于中间的正态分布曲线（图 2.7B），左图（图 2.7A）曲线左高右低，表示一定人数中少数人发生不良影响的可能性比较大，即少数人处于较高的风险下；右图（图 2.7C）曲线左低右高，表示一定人数中多数人发生不良影响的可能性比较大，即多数人处于较高的风险下。

年风险（risk per year）表示每年发生不良影响的人数；年发病数（number of illness per year）是指每年发病的人数等。

三、风险特征描述过程中的不确定性和变异性

一旦收集了危害特征和暴露评估的资料，就可以建立个体或群体风险的分布模型，进行风险特征描述。这需要综合各种暴露路径的作用，因为上述各步骤都包含不确定性和变异性，风险特征描述全过程可能包含更大的不确定性。

风险特征描述过程的最后一个重要步骤是描述其不确定性的特征。为了直接认

清风险评估中不确定性的特征，需要采用多层次方法分析不确定性。可以分为以下三个层次。

首先需要阐明导入参数的偏差和它们对最后的风险评估所造成的影响。

然后采用敏感度分析来评估模型的可靠性和数据准确度对模型预测的影响。敏感度分析是使模型的变量在某特定范围内变动，以观察模型行为或变化情形的一种分析方式。模型的评估总是存在风险，敏感度分析有助于降低此风险。敏感度分析的目的在于根据导入参数对结果偏差影响大小进行排序。

最后应用差异扩大方法仔细说明风险特征描述的整体准确度与模型、导入参数及场景有关的不确定性和变异性的关系。

案 例

风险特征描述——李斯特菌

风险评估是评估李斯特菌污染特殊食品的可能性，以及摄入这种被污染食品后导致人体健康负面影响的概率。

低含量的李斯特菌（约 0.4cfu/100g）可能存在于食品中的某一小部分；在这种含量情况下，由于消费这种食品而带来风险的概率应该是很低的；然而，对于处在风险最前沿的易感人群来说，李斯特菌的感染剂量就会变得很低，李斯特菌病对于这些人群的危害就会很严重。

微生物风险评估用作科学依据是一个相对较新的工具。因此在一段时间后要将评估结果与新报告的人类疾病数据或相对较新的可获得的信息进行比较。

思考题

1. 简述进行风险评估的益处和风险评估的目标。
2. 风险评估的分类有哪些？
3. 食品中生物性危害的风险评估包括哪些内容？
4. 简述风险评估过程中的变异性和不确定性。
5. 简述危害识别的主要作用和内容。
6. 简述食品中化学性危害的危害识别。
7. 简述食品中生物性危害的危害识别。
8. 简述危害识别过程中的不确定性和变异性。
9. 简述食品中生物性危害的危害特征描述的主要内容。
10. 简述食品中化学性危害的暴露评估的步骤和方法。
11. 简述食品中生物性危害的暴露评估的步骤和方法。
12. 暴露评估过程中的不确定性和变异性包括哪些方面？
13. 简述食品中化学性危害风险特征描述的主要内容。

主要参考文献

陈君石. 2008. 食品安全风险分析[M]. 北京: 人民卫生出版社.

陈旭明, 李婷, 王侠文. 2013. 油炸型膨化食品中丙烯酰胺含量的结果分析[J]. 食品研究与开发, 34(19): 75-78.

黄崇福. 2008. 综合风险评估的一个基本模式[J]. 应用基础与工程科学学报, (3): 371-381.

李思. 2011. 国内外食品安全风险评估机构的比较[J]. 食品工业, 32(10): 82-85.

刘翠玲, 戴月, 赵琦. 2016. 农产品质量安全风险评估方法探索[J]. 食品科学技术学报, 34(6): 79-84.

刘凯, 马睿智, 赵国杰. 2016. 食品生产质量安全风险预警指标体系的构建[J]. 标准科学, (9): 76-79.

刘毅, 李鹏, 王雅南. 2012. 欧盟食品安全风险防控体系的启示[J]. 价格理论与实践, (7): 52-53.

孟娟娟. 2014. 食品中丙烯酰胺含量的研究进展[J]. 学周刊, (16): 226.

束琴霞, 石光辉, 卢伟等. 2014. 扬州市油炸食品中丙烯酰胺的调查和分析[J]. 中国卫生检验杂志, 24(02): 268-275.

宋怿. 2005. 食品风险分析理论与实践[M]. 北京: 中国标准出版社.

王大宁. 2004. 食品安全风险分析指南[M]. 北京: 中国标准出版社.

吴艳. 2016. 食品安全风险评估探讨[J]. 食品安全导刊, (9): 20.

吴永宁. 2003. 现代食品安全科学[M]. 北京: 化学工业出版社.

杨小敏. 2002. 欧盟和中国食品安全风险评估的独立性原则之比较[J]. 行政法学研究, (4): 122-128.

张红霞, 安玉发, 张文胜. 2013. 我国食品安全风险识别、评估与管理——基于食品安全事件的实证分析[J]. 经济问题探索, (6): 135-141.

Nigel P M S. 2004. 动物及动物产品风险分析培训手册[M]. 王承芳译. 北京: 中国农业出版社.

Øverby NC, Andersen LF. 2000. Ungkost 2000: a national representative dietary survey among Norwegian children and adolescents (In Norwegian)[R]. Oslo: The Norwegian Directorate of Health.

Davidson V J, Ryks J, Fazil A. 2006. Fuzzy risk assessment tool for microbial hazards in food systems[J]. Fuzzy Sets and Systems, 157(9): 1201-1210.

Freddie B. 2001. Cancer in Norway 1998[R]. Oslo: The Norwegian Cancer Registry.

Johnson L. 1997. Dietary habits among Norwegian Men and Women[J]. Scand J Nutr, 2: 63~70.

Lobb A E, Mazzocchi M, Traill W B. 2007. Modelling risk perception and trust in food safety information within the theory of planned behaviour[J]. Food Quality and Preference, 18(2): 0-395.

Roberto C D, Brand O S C C, Silva C A B D. 2006. Costs and investments of implementing and maintaining HACCP in a pasteurized milk plant[J]. Food Control, 17(8): 0-603.

Rocourt J, Benembarek P, Toyofuku H, et al. 2003. Quantitative risk assessment of *Listeria monocytogenes* in ready-to-eat foods: the FAO/WHO approach[J]. FEMS Immunology and Medical Microbiology, 35(3): 263-267.

Smid J H, Verloo D, Barker G C, et al. 2010. Strengths and weaknesses of Monte Carlo simulation models and Bayesian belief networks in microbial risk assessment[J]. International Journal of Food Microbiology, 139(supp-S): 57-63.

Voysey P A, Brown M, Gorris L G M, et al. 2000. Microbiological risk assessment: a new approach to food safety control[J]. International Journal of Food Microbiology, 58(3): 173-179.

第三章 风险管理的内容与实践应用

第一节 风险管理的目标、措施及其程序框架

在国际食品法典委员会的定义中，风险管理是及时依据风险评估的结果，权衡管理决策方案，并在必要时，选择并实施适当的管理措施（包括制定措施）的过程。风险管理的首要目标是依据风险评估的结果，选择和实施适当的措施，尽可能有效地控制食品风险，从而保障公众健康，保证进出口食品贸易在公平的竞争环境下进行。其目的是为了确定是否需要和需要何种食品监管措施，方可将风险降低至社会可以接受的水平。这些监管措施包括制定最高限量，制定食品标签标准，制定食品安全卫生标准及法律法规，实施公众教育计划，召回和预警，通过使用替代品或改善农业或生产规范以减少某些化学物质的使用等。

基于自然科学的风险评估对于确定食品危害的风险是合适的，而风险管理的决策过程则是一个考虑多方因素的过程，虽然需要利用风险评估的科学结果，但决策本身并不是一个完全科学的过程，某种程度上是一个多方博弈的结果。因此就风险管理决策的过程来讲，单纯考虑风险评估的结果是不够的，还要考虑社会、经济和道德伦理等方面的评估结果。

风险管理主要包括以下 4 个程序。

（1）风险评价：风险管理的第一步，主要包括确认食品安全问题、描述风险概况、就风险评估和风险管理的优先权对危害进行排序、为风险评估制定风险评估政策、提供风险评估的人力与物力、决定进行风险评估及风险评估结果的审议等内容。风险评价是最初的风险管理活动，构成了风险管理的起始过程。包括建立风险预测，以促进在某一特殊背景下问题的思考，以及提供尽可能多的信息以指导下一步的行动。作为这一过程的结果，风险管理者要把风险评估作为一项科学独立的过程来指导决策。

（2）风险管理措施选项的评价：主要包括针对风险评估的结果评价可采用的风险管理措施，选择最佳的风险管理措施以及形成最终的风险管理决定等内容，即根据风险和其他因素的科学信息对管理食品安全问题的现有选项进行权衡，包括在适当水平上对消费者的保护做出决定。按照效率、效益、技术可行性和实用性的原则，在整个食物链的各个环节上实现食品安全控制措施的最优化是一项重要的目标。在这一阶段，费用-效益分析可以发挥作用。

（3）风险管理措施的实施：根据风险管理策略评估中关于风险管理的决定来实施风险管理。

（4）风险管理措施的监督和评议：邀请各利益相关方、专家学者和管理者经常性地对风险评价和风险管理过程及其所做出的决定进行监督和评议。收集和分析数据，以便给出食品安全和消费者健康的概况。新的食品安全问题一出现，食品污染物监测系统和食源性疾病监测系统应该能够识别出来。哪里有证据表明公共卫生的目标没有实现，哪里就需要重新设计食品安全措施（图 3.1）。

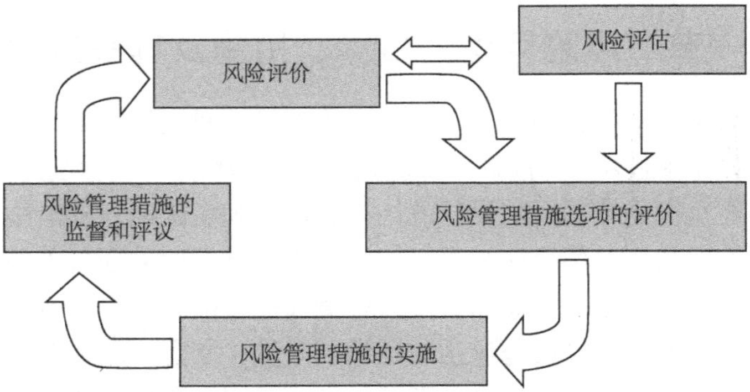

图 3.1 风险管理的框架（引自：宋怿，2005）

第二节 风险管理程序

一、风险评价

为了确定食品中哪些危害是必须加以控制的，需要对某种食品进行多种危害物的风险评价，以评估某一食品中可能存在多少潜在的和显著性的危害，并将这些危害以风险的大小加以排序，进行风险评估。风险评价可以被定义为“对于食品安全问题及其背景情况的一种描述”，也可以称为“初步风险评估”，是风险管理活动的起始阶段，直接影响了风险管理选项的质量和风险管理的整体效果。风险评价的主要步骤包括：识别食品安全问题；描述风险概况；就风险评估和风险管理的优先性对危害物进行分级；确定风险管理的目标是否需要进行风险评估；制定风险评估政策；委托进行风险评估（如有必要）；对风险评估结果进行审议。

在风险评价过程中，良好的风险交流非常重要，因为风险评价过程往往确定了对某个食品安全问题的管理程序和方向。因此在这个阶段，利益相关方意见和信息的交流非常重要，为了充分识别食品安全问题，应获得充足的描述风险概况的科学资料，并阐明风险评估需要解决的问题，有必要与外部利益相关方进行充分的交流，使各方都能参与到风险管理活动中。

（一）识别食品安全问题

由于食品种类多种多样，各自的生产、加工过程不同，进行风险评价时要分别评价能够引起风险存在的不同风险因素，并确定这些因素属于哪类危害物，这关系到不同风险需要用不同的方法来控制。需要考虑的主要风险因素包括以下几点。

（1）化学物质：农药残留、兽药残留、食品添加剂、环境危害物和生物制剂等。

（2）生物性因素：生物及生物毒素。

（3）物理性因素：金属类和非金属类异物，如碎刀片、金属丝、玻璃杂质、石子、木（竹）屑等。

（4）其他物质如包装材料等。

食品安全风险可能产生于其生产、加工、储存、运输、制备和膳食摄入全过程，能够引起食品安全风险的情况主要有：①新的食品品种的出现；②食品成分使用了新配方；③食品生产、加工工艺的改变；④未被认识到的不良作用风险；⑤因某一特殊食品引起的特定疾病；⑥未证明某种食品会给消费者带来多大的风险；⑦国际、国内相关食品法规的改变；⑧涉及进出口的国外有关食品安全的预警信息；⑨新的食品危害信息。

在对食品安全问题进行识别时需要特别注意：①所采用的信息来源；②应该注意对食品安全领域不断出现的新问题的认知；确认该问题的范围，即这一食品问题是地区性的、国内的还是国际性的；注意资源配置先后次序的问题。

（二）描述风险概况

食品安全风险概述是指对某一食品安全问题所涉及的风险概况进行的系统性总体描述，它是风险管理的一项准备活动，需要对危害与食品的多种组合相关的食品安全问题进行细致的描述。风险概述通常是针对某一特定的食品安全问题（如某种食品或危害物组合），按照一定的要求和模式，从食品生产到消费全过程对影响食品安全风险的各个要素和各种相关信息进行系统地收集、整理和分析的过程。风险概述所要求的风险信息来源、数量、质量是决定风险分析报告质量的基础。相关风险信息应包括检验检疫信息、国际贸易信息、风险预警信息、生产信息、流行病学信息、相关研究报告等。风险概述报告撰写人员的专业背景应包括食品、微生物、医学、生物、检验、检疫、国际贸易、物流、管理等学科。

风险概述要求对相关问题的已知情况进行简要的书面描述，其目的是帮助风险管理者采取进一步行动。风险概述的主要作用具体包括以下三方面。

（1）帮助风险管理者了解特定的食品安全问题所面临的风险，确定优先解决的问题及风险管理备选方法。

（2）帮助风险管理者决定是否需要进一步开展风险评估，并制定风险评估政策。

（3）指出解决特定食品安全问题存在的数据或技术缺陷，为下一步技术攻关指明方向。

因此，风险概述是风险管理的重要基础和依据，是风险管理步骤首先需要面对和解决的重要问题。一般而言，风险概述主要由风险评估者及其他熟悉该问题的技术专家完成。

风险概述需要形成文件化的风险概述报告，应涵盖从生产到消费的整个食品供应链。典型的风险概述的主要内容包括：涉及的商品情况介绍；消费者暴露于危害的路径（如特定的加工、储藏、消费模式）；与暴露有关的可能风险（如人体健康、经济价值、文化和宗教等）；当前的风险管理措施；消费者对该风险的认识；不同风险在不同人群的分布情况（如谁是风险制造者、谁从风险状况下获得利益、谁将承担风险）；如果存在国际协议，对风险局势是否有影响等。

风险概述报告的具体模式包括以下部分。

首先进行风险概述背景和目的的描述，然后进入风险概述报告的正文。

第一部分为涉及的食品危害和食品及其组合，包括涉及的危害、食品、食品供应链。根据已有的科学依据可将危害和食品供应进行分类，形成食品或危害组合的可能清单，并筛选出需要进行风险概述的食品或危害组合名单。进一步收集相关信息，如危害因子信息、食品信息、食品消费信息、该食品的工业生产、国内该食品供应引起危害的相关信息。

第二部分为对公众健康问题的描述，包括对危害的描述、对疾病特征的描述、对暴露结果的描述、对临床表现严重性的描述、对食源性疾病的流行病学的描述等。

第三部分为食品生产、加工、销售和消费，包括风险管理涉及的食品或对风险管理有影响的食品的特征；“从农田到餐桌”体系的描述；食品生产、加工、运输和消费者处理过程中风险是如何产生的，以及风险有什么影响；目前风险管理措施的程度和有效性的简介；可用于控制危害的其他风险管理措施等。

第四部分为其他风险概述要素，包括食品供应链的国际贸易范围，是否有地区或国际贸易协定，以及这些协定如何影响与特定危害或食品组合相关的公众健康问题；公众对危害和风险的认知程度；制定的风险管理措施或贸易措施对公共卫生和经济的影响；目前的风险管理措施对风险的影响等。

第五部分为风险评估需求和对风险评估者提出的问题，包括对预期风险评估获得的益处进行初步评估，确定风险评估的必要性，并且评估在规定的时间内完成的可行性；如果确定需要进行风险评估，需要对风险评估者提出问题等。

第六部分为可获得的信息和主要知识缺陷，包括现有的相关科学知识和资料存在的缺陷；现有的法规对风险管理的一些指导性文件（包括现有的卫生操作规范）的情况；在制定风险管理指导文件时，可以考虑的国际、各国政府或企业卫生操作规范的相关信息；制定风险管理指导文件可用的信息来源（组织、个人）和科学专业知识。

第七部分为建议的风险管理措施，即在风险概述的基础上，提出风险管理措施的选项，为风险管理者制定风险管理措施提供选择。

另外需要指出的是，对一个食品安全问题进行科学的风险评估（有必要时），然后根据风险评估的结果来制定相应的风险管理措施，这是针对一个食品安全问题进行风险管理的理想状态。但风险评估往往需要较长的时间和周期，如定量的微生物风险评估可能需要4～5年的时间，有些慢性毒理学的评价可能需要更长的时间。因此对于突发性食品安全问题，要求快速采取风险管理措施，那么通过风险评估再制定风险管理措施显然不合适。而风险概述是对食品安全问题研究现状和科学认识的一个定性描述，可以在较短时间内完成，某种程度上可以被看作一个初步的风险评估。因此对于突发性食品安全问题，风险管理者可能往往要根据风险概述报告，结合与利益相关方充分的风险交流，来制定风险管理措施。即使风险管理者在风险概述的基础上，认为有必要进行进一步的风险评估，也必须首先根据风险概述和风险交流的结果，制定初步的风险管理措施，来控制食品安全风险，然后委托进行风险评估。

（三）就风险评估和风险管理的优先权对危害物进行排序

综合上述信息可以对食品或危害组合的风险加以分级，分级的标准应主要考虑人类健康影响和经济影响两个方面。食品安全风险主要以人类的死亡率和发病率作为标准进行排序。对人类健康方面的风险排序，最基本的就是要决定是以病例数量为基础，还是以结果的严重性为基础，来决定优先次序。例如，导致高致病数但结果不严重的风险与低致病数但结果严重的风险如何分级？可以通过比较这些事例造成的经济损失来解决。

风险分级是风险管理者经常要面对的一个问题。国家食品安全管理机构常常需要同时处理大量的食品安全问题，在特定的时间管理所有问题，不可避免地会出现资源不足的情况。因此，对于食品安全监管者而言，对食品安全问题进行分级，建立风险管理的优先次序非常重要。风险分级在食品安全风险分析框架中可以体现在多个阶段：风险分级可以在风险评估之前，分级的结果用于制定风险评估政策，确定是否进行风险评估，以及风险评估的优先次序；也可以依赖风险评估的结果进行分级，制定风险管理措施；另外在风险预警中也可以用到风险分级，发布食品安全风险的等级。因此风险分级对于风险管理、风险评估和风险交流活动都具有重要意义。

在食品安全风险分析框架中，一般的风险分级程序是：首先要建立食品安全风险信息的收集体系，因为任何风险分级都是对一定风险信息的评价，如食源性疾病的监测数据、病例数、经济损失数据、敏感人群、风险评估数据等；其次是要选择一定的风险因素，并设置这些因素的权重来对风险进行分级。风险因素的选择对于建立风险分级体系极为重要，一般的风险因素选择往往取决于食品安全监管的目标。例如，对于进出口食品的监管，管理者从监管角度对进出口食品进行风险分级时，要更多地选择国内外通报的信息和出入境检验的数据来对食品进行风险分级。因为这些数据反映了进出口食品在监管方面的紧急程度。对于食源性致病菌进行风险分级时，主要选择对公共健康的影响因素进行分级。因此对于食品中的危害或风险进行分级并没有一个统一的分级体系，分级体系的建立往往取决于食品安全风险管理者所选择的监管目标和监管目的。

（四）确定风险管理的目标

食品安全风险管理的主要目标是通过选择和实施合适的风险管理措施，尽可能有效地控制风险，以保护公众健康。在风险评价中必须确定某个具体食品安全问题的风险管理目标是什么。食品安全管理不存在绝对的安全，即不存在零风险，要根据当时的社会经济发展水平，结合降低风险所需要的成本，以及产生的效益来综合考虑制定风险管理目标。因此对于同一个食品安全问题，不同的国家和地区往往选择的风险管理目标是不同的。风险管理目标只要达到一个当时情况下的“风险可接受的水平”即可。

确定风险管理的目标就是确定风险管理中应优先考虑的问题，其中包括：保护和改善公众健康、资源的审慎分配和公平贸易行为。确定食品安全应优先考虑的问题，需要考虑开展风险评估和风险管理花费的时间、金钱、人力。风险管理者必须依据一定标准来决策什么是重要的，或者什么将是重要的（如出现的危害、公众的理解水平）。通常需要以风险评估资料或其他标准为基础，对这些问题的重要性进行定量的估计。

（五）确定是否需要进行风险评估

可根据以下情况确定何时需要开展详细的风险评估。

（1）如果存在下列情况，则无须做详细的风险评估。

1）经初步评估表明风险很低。

2）紧急情况下，没有充足的时间进行详细的风险评估。

3）减少暴露的成本低于详尽风险评估的成本。

4）关于该问题或风险管理方案没有争议或不同意见。

（2）如果存在下列情况，则应做详细的风险评估。

1）初步评估表明风险问题很大。

2）风险管理决策一旦出错其后果严重。

3）如低估风险而不采取行动，或高估风险而采取行动都会导致花费多而成效少。

4）不同的科学研究工作得出的信息差异很大。

5）关于风险性质存在对立观点。

6）有可能在食物链中两个以上的环节降低风险。

7）为了长期的风险管理目标，需要确定关键的研究领域。

（六）界定风险评估的目的和范围

界定风险评估的目的和范围主要涉及如下。

（1）风险管理者必须明确他们需要了解什么具体问题，也就是明确风险评估的目的。风险管理者需要根据风险评估的结果制定相关政策。因此确定风险评估的目的是进行风险评估工作的关键性的第一步，是选择合适的风险评估方法，进而开展风险评估工作，并得到对于风险管理者有实际应用意义的风险评估结果的前提。简单来说，就是要明确进行风险评估所要寻求的答案，这样可以做到资源的合理分配和利用。

（2）风险评估的范围是由所关注的风险问题和风险评估的目的所决定的。确定风险评估的范围，有助于明确进行风险评估实践的结构、类型和所采用的具体方法。风险评估工作的范围可以包括（但不仅限于）以下几方面的内容：食品类型，地域范围，数据来源，相关人群范围和不良影响的性质等。例如，评估对象是整个食物链，还是仅仅针对终端产品；需要的风险评估结果的详细和精确程度；以及目标人群是什么（如某特定城市的居民或某个特定易感人群）。在明确了风险评估范围的基础上，可以确定需要收集的数据和资料。

确定风险评估工作的范围还可以包括确定风险评估的类型，逐级提高评估的精确性和详细程度。风险评估的类型可包括：①普通数据，简单模型；②具体数据，复杂模型；③定量的点估计；④定量的概率估计。

（七）制定风险评估政策

风险评估政策是指在风险评估过程中，价值判断的准则和用于特定决策的政策取向。制定风险评估政策是风险管理的任务，但需要与风险评估者紧密合作，以便于保证风险评估的科学性和完整性。这些政策指南应当是文件化的，以确保其延续性和透明性。

目前，国际上公认的风险评估政策包括：①依赖动物模型确立潜在的人体效应；②采用体重进行种间比较；③假设动物和人的吸收大致相同；④采用 100 倍的安全系数来调整种间和种内可能存在的易感性差异，在特定的情况下允许偏差的存在；⑤对发现属于遗传毒性致癌物的食品添加剂、兽药和农药，不制定 ADI 值（对这些物质，不进行定量的风险评估，实际上，对具有遗传毒性的食品添加剂、兽药和农药残留还没有认可的可接受的风险水平）；⑥允许污染物达到“尽可能低的”水平；⑦在等待提交要求的资料期间，对食品添加剂和兽药残留可制定暂定的 ADI 值。

（八）委托进行风险评估

风险分析的一条重要原则是风险管理应通过维持风险管理与风险评估功能的独立性，来保证风险评估过程的科学性和完整性。因此，原则上风险管理者是不适合进行风险评估的，而应该委托专业的风险评估机构进行。在委托进行风险评估之前、之后及风险评估过程中，风险管理者应做到以下几点。

（1）确定风险评估小组的组成人员。

（2）理论上讲，风险评估小组应该是由多方面人员组成的一个核心工作组，包括科学家、食品行业专家和其他相关人员。

（3）界定和提供所有与所关注的食品安全问题有关的背景资料文件。

（4）确定风险评估所需要明确的主要问题，并文件化。

（5）确定工作时间表。

（6）保证风险评估过程中可以得到足够的资源。

（7）检查目标：在现有的资源、数据和时间安排下，风险评估者是否可以回答风险管理者提出的问题。

（8）在评估过程中，管理者和评估者需要经常讨论进展、方向和可能出现的问题。

（9）在评估过程中可能需要对评估目标和部分方法进行精炼或修改。

（九）对风险评估结果进行审议

对风险评估结果进行审议要注意以下几点。

（1）充分认知风险评估过程中所有的假设，包括这些假设对评估结果的影响。

（2）清楚理解所有风险特征描述中的变异性和不确定性及其产生的原因。

（3）注意到风险评估是一个风险程度范围，而不局限于某一个单一的数值。

（4）重视风险特征描述中所表明的当前条件和要降低风险可供选择的措施。

（5）注意风险特征描述中关于所关注的特定风险同其他健康风险之间的比较性探讨。

在风险评估者将风险评估结果传递给风险管理者之后，为了把评估结果应用到管理战略中，还需要回答以下问题：①现在的风险水平是否太高；②什么样的风险水平可以接受，或者要将风险降低到什么水平可以达到目标；③减少风险最好的管理应如何选择。

二、风险管理措施选项的评价

在风险管理活动中，完成风险评价工作后，就需要确定、评价和选择风险管理措施，这是风险管理的第二阶段。一般情况下，制定风险管理措施可能需要也可能不需要风险评估的结果。因为有些前期的风险概述工作就包含了一些风险管理措施的信息，而且在一些紧急情况下，不可能等到风险评估完成后再制定风险管理措施。因此当风险管理者已经了解了确定的风险管理目标及风险评价或评估的结果时，一般将确定出一些能解决所面临的食品安全问题的风险管理措施。基于风险管理措施的目标一般是为了把风险降低至某一目标水平，也就是“适宜保护水平”。SPS 协定的一个关键条款就是适宜保护水平，即通过在本国领土内建立以保护人类健康为目的的卫生措施，在国家层面上制定的合适的保护水平。因此这些风险管理措施的目的就是最大限度地降低风险，但同时也需要保证管理措施能有效实施。

对于任何一个风险管理目标，当只有一种风险管理措施可供选择时，对风险管理措施的评价就会很简单。但食品安全问题往往涉及诸多方面，食品安全风险的控制可能涉及食品链的很多环节，这时可能就有多种可供选择的风险管理措施。风险管理政策由各个国家确定，CAC 也可为各国推荐不同的风险管理政策，如初级生产的控制程序、危害分析和关键控制点（HACCP）的应用、良好操作规范（good manufacture practice，GMP）程序的应用等。具体来说，CAC 推荐给成员方使用或各个国家可以采取的风险管理政策包括以下几个方面。

（1）建立标准、法规、规范、指南等，包括微生物指标和其他加工指标。

（2）激励操作人员执行先进的管理措施，如良好操作规范、HACCP 体系等。

（3）避免已经证明被污染或有人群中毒历史的食品出现。

（4）在食品链的任何阶段预防污染或病原体的引入，包括在初级生产中减少特定的病原体水平。

（5）杀灭病原体（如烹调等）。

（6）采用正确的标签和标识给消费者提供信息。

（7）教育或通报相关人群采取能够减少风险的措施。

上述这些管理措施在可行性、实用性及能达到的食品安全水平上是不同的，这就需要风险管理者对这些管理措施进行评价，以便选择当时情况下最适当的措施。那么如何来评价可供选择的风险管理措施选项，是风险管理者面临的一个问题。由于风险管理并不是一个完全科学的过程，而是利益相关方不同意见相互博弈的结果，风险管理措施的选择也是同样的过程。在评价和选择食品安全管理措施时，最关键的因素之一就是评价管理措施所能达到的降低风险水平或保护消费者水平的程度。但是仅凭风险管理措施对风险的降低程度还不能确定所要实施的管理措施，可能还要考虑风险管理措施的可行性、实用性及风险管理措施的成本-效益分析，综合权衡各个措施所带来的社会价值影响。具体来说，对风险管理措施选项进行评价时需要考虑的因素包括：①初级生产、加工、运输相关的方法和途径；②检验程序和分析方法的有关条款；③技术和经济的可行性；④用于降低风险的可替代方法；⑤还要综合考虑风险管理措施带来的额外风险。目前的风险分析基本上是对单个危害的风险进行研究，较少同时考虑多种不同危害的综合风险情况，也缺乏进行不同风险之间比较的具有可操作性的方法。这样，在许多情况下，不排除所选择的风险管理决定有可能会引起其他负面后果，造成更大的或者其他的危害。例如，某项政策在减少了微生物风险的同时，是否增加了其他风险的潜在可能性，或某项政策影响人群营养状况的潜在可能性。又如，使用高氯消毒水进行清洗，在减少致病菌危害的同时，产生了氯胺的化学性危害；在肉制品中不使用亚硝酸盐，可以减少因亚硝酸盐转变为亚硝胺而带来的致癌风险，但是却增加了由于肉毒梭状芽孢杆菌增殖，其代谢物引起食物中毒的风险。

为了达到有意义和实用的目的，最终的风险管理决策应当给出以下几方面信息。

（1）预防风险的优先权，而非只是控制风险。

（2）考虑从初级生产到消费的整个食品链。

（3）合适的情况下，考虑危害的多种来源及可能涉及的多种产品类型。

（4）在达到合适的公共健康保护水平的风险控制政策中，提供尽可能广泛的选择机会。

（5）基于最有效的科学、技术和经济信息。

（6）可行并具有与成本相关的合理的效益。

（7）可在各国法律和法规框架内强制实施。

（8）考虑合适和有效的生产方法和工艺、检验、取样和测试方法，以及监管、检验过程中遇到的困难。

（9）考虑风险管理者认为合适的风险水平，考虑与消费者健康保护有关的所有利益相关方的优先权。

（10）创新、评价和研究的激励。

（11）考虑与影响人类健康有关的食品危害物的科学知识范围，当其不足时，应当选择更严格的控制措施。

另外，对风险管理措施的评价应该是一个开放式的过程，风险管理者、风险评估者、企业、消费者及其他利益相关方在这一过程中需要都有机会提供信息，对措施进行评论，并提出选择最适当措施的条件。这种充分的交流非常重要，因为如果利益相关方不能充分参与这一过程，那么措施出台后的执行效果必然会降低。因此虽然这种交流过程有时会降低决策的效率，但范围广泛、内容丰富的意见征询过程往往能够提高最佳风险管理措施的决策质量，并使公众更容易接受这一措施，这将为后期的措施执行提供便利。

三、风险管理措施的实施

通过对各种方案进行选择，做出最终管理决定后，就必须按照管理决定实施。最终的风险管理措施由多方实施，包括政府主管部门、食品企业和消费者等，在实施期间各方并不是相互独立的，风险交流活动可以及时发现实施过程中存在的问题，为进一步修正和改进风险管理措施提供借鉴。

四、风险管理措施的监督和评议

选择风险管理措施并实施后，还要对风险管理措施实施的效果进行监督和评议，以确保食品安全目标的实现。任何管理措施的选择都是基于当时情况下的一种相对

“最优”的选择，难免带有一定的时效性和不确定性，因此对风险管理措施在实施过程中进行监督和评议是必不可少的。风险管理者应该确认降低风险的措施是否达到了预期效果，是否产生了与所采取措施相关的非预期后果；风险管理目标是否可以长期维持，当获得新的科学数据或有新的观点时，需要对风险管理措施进行定期的评估。如果发现所实施的风险管理措施没有达到预期效果，可能需要对其进行重新评估审查，启动一个新的风险管理措施。

在对风险管理措施进行风险监控时，首先要制订监控计划，即要明确监控目标和需要收集的风险信息。监控目标一般和风险管理的目标一致，如果风险管理的目标是降低某种危害的水平，那么就应该监测度量并收集关于这种危害水平的信息。例如，食源性疾病的变化可以通过收集疾病报告、发病率等风险信息来反映风险管理措施的效果。由国家市场监督管理总局实施的食品安全监测计划，在某种程度上就是对我国实施的一些风险管理措施效果的一种监控。另外，当监测到新的科学数据或研究成果可能会对以前的风险评估结果产生影响时，表明可能需要开展新的风险评估，或者利用新的或额外的研究结果对风险评估结果进行更新，这时可能会改变风险管理目标及选择新的风险管理措施。因此有针对性地制订食品安全监测计划是风险管理措施有效执行的保证。

随着外界环境的变化，食品安全风险也在不断变化中，是一个动态的过程，任何风险管理措施都有一定的时效性和不确定性，因此对风险管理措施的监督和评议也应该是一种常态和不断进行的过程。

五、食品安全风险管理的一般原则

原则 1：风险管理应遵循结构化的方法，包括风险评价、风险管理措施选项的评价、风险管理措施的实施、风险管理措施的监督和评议。在某些情况下，并不是所有方面都必须包括在风险管理活动当中。

原则 2：在风险管理决策中应当首先考虑保护人类健康。对风险的可接受水平应主要根据对人体健康的考虑决定，同时应避免风险水平上随意的和不合理的差别。在某些风险管理情况下，尤其是决定采取的措施时，应适当考虑其他因素（如经济费用、效益、技术可行性和社会习俗）。这些考虑不应是随意的，而应当保持清楚和明确。

原则 3：风险管理的决策和执行应当透明。风险管理应当包含风险管理过程（包括决策）所有方面的鉴定和系统文件，从而保证决策和执行的理由对所有有关团体是透明的。

原则 4：风险评估政策的决定应当作为一个特殊的组成部分包括在风险管理中。风险评估政策为价值判断和政策选择制定准则，这些准则将在风险评估的特定决定点上应用，因此最好在风险评估之前，与风险评估人员共同制定。从某种意义上讲，决定风险评估政策往往成为进行风险分析实际工作的第一步。

原则 5：风险管理应当通过保持风险管理和风险评估二者功能分离，以确保风险评估过程的科学完整性。但是应当认识到，风险分析是一个循环反复的过程，风险管理者和风险评估者之间的相互作用在实际应用中是至关重要的。风险评估机构应作为科学咨询机构，而非决策机构，对于食品安全的科学监管具有重要意义。因此，要把风险评估和风险管理的职能分离，以避免风险评估者和风险管理者“既是运动员，又是裁判员”的双重角色，减少利益冲突，有利于确保风险评估的科学完整性。

原则 6：风险管理决策应当考虑风险评估结果的不确定性。如有可能，风险的估计应包括将不确定性量化，并且以易于理解的形式提交给风险管理者，以便他们在决策时能充分考虑不确定性的范围。例如，如果风险的估计很不确定，风险管理决策将更加保守。

原则 7：在风险管理过程的各个阶段中，应当与消费者和其他有关组织进行透明的信息交流。在所有有关团体之间进行持续的相互交流是风险管理过程的一个组成部分。风险交流不仅仅是信息的传播，其更重要的功能是将至关重要的信息和意见并入决策的过程，从而使风险管理更加有效。

原则 8：风险管理应当是一个连续过程，并不断考虑在风险管理决策的评价和审议过程中出现的新资料。在实施风险管理措施之后，为确定其在实现食品安全目标方面的有效性，应定期进行评价。为进行有效的评议与审查，监控和其他活动有时是必需的。

思考题

1. 简述风险管理的目标、措施及其程序框架。
2. 简述风险评价的主要步骤。
3. 简述风险概述的主要内容及其主要作用。
4. 在食品安全风险分析框架中，一般的风险分级程序包括哪些?
5. 为什么要确定风险管理的目标，该如何做?
6. 国际上公认的风险评估政策包括哪些内容?
7. CAC 推荐的风险管理政策包括哪些内容?
8. 简述对风险管理措施选项进行评价时需要考虑的因素。
9. 为了达到有意义和实用的目的，最终的风险管理决策应当给出哪些内容?
10. 简述风险管理措施的监督和评议的主要步骤。
11. 简述食品安全风险管理的一般原则。

主要参考文献

毛雪丹, 于航宇, 吕涵阳, 等. 2016. 2013—2014 年食品安全相关 WTO/SPS 通报措施分析[J]. 中国食品学报, 16(5): 130-135.

宋怿. 2005. 食品风险分析理论与实践[M]. 北京: 中国标准出版社.

Guli G, Kobza J, Kollrow J, et al. 2014. Public Health, Policy Analysis, Risk Assessment, and Impact Assessment[M]//Assessment of Population Health Risks of Policies. New York: Springer.

Jarvis B. 2014. Good Manufacturing Practice[M]. Amsterdam: Elsevier Inc.

Konstantinos K P, Aspridou Z. 2016. Moving towards a risk-based food safety management[J]. Current Opinion in Food Science, 12: 36-41.

Kováčová L, LošOnczi P, Vacková M, et al. 2016. Safety risks assessment and security evaluation of manufacturing entities[J]. Scientific Bulletin, 21(2): 91-96.

Leblanc M. 2011. Risk and Risk Management[M]. Berlin: Social Science Electronic Publishing.

Liu Y S, Wei X. 2016. Food supply chain risk management situation evaluation model based on factor analysis[J]. International Business and Management, 12(2): 40-46.

Motarjemi Y, Lelieveld H. 2014. Fundamentals in management of food safety in the industrial setting: challenges and outlook of the 21st century[J]. Food Safety Management, 1: 1-20.

Policies and Procedures. 2015. Craft a Well-Planned Risk Assessment Policy[N]. Volunteer Management Report [2015-8-18].

第四章 风险交流概述与实践应用

第一节 风险交流简介

风险评估者应以通俗易懂的方式解释风险评估的数据、模型及结果。风险管理者应以风险评估为基础，解释各种风险管理备选方案的合理性。利益相关方应交流他们的关心事宜，并审视和理解风险评估和风险管理的内容与方案。因此，风险交流就是指在风险分析全过程中，就危害、风险、风险相关因素和风险认知在风险评估者、风险管理者、消费者、产业界和其他利益相关各方之间进行的关于信息和意见的互动交流，内容包括对风险评估结果的解释和风险管理决定的依据。

风险分析的三个组成部分在实际操作过程中，往往是风险管理者和风险评估者决定了决策的过程，风险交流经常会被忽视。在 CAC 的风险分析框架中，一个最基本的理念就是风险管理活动和风险评估活动的分离。在国际食品法典委员会，风险管理活动由成员方代表组成的委员会来完成，而风险评估活动由专家组成的专家委员会来独立完成，较少考虑成员方和其他利益相关方的意见。在国家层面上，一般由政府相关部门来进行风险管理活动，而由一些专业的评估机构从事风险评估工作。这样的风险分析架构可以较好地保证风险评估工作的科学独立性，防止风险评估工作受到来自政治和其他力量的干扰。但是这一框架难以体现其他利益相关方，特别是普通公众参与风险分析的决策过程。因此，风险交流的目的就是要在整个风险分析过程中，通过互动式的、双向的风险信息的交流和互换，来保证利益相关各方都能参与到风险管理和风险评估的过程中，提高大众对风险管理决策的知情权和参与权。风险交流的根本目标是用清晰、易懂的术语向具体的交流对象提供有意义的、相关的和准确的信息。这也许不能解决各方存在的所有分歧，但有助于更好地理解各种分歧，也可以更广泛地理解和接受风险管理决定。

一、风险交流的对象

食品安全问题属于重大的公共安全领域，因此会涉及较多的社会群体。风险交流活动就是为了保证这些社会群体之间能够就风险信息进行充分的互动，保证各方的参与权和知情权。这也预示着风险交流活动会面对不同国家、不同知识背景、不同风险认知程度、不同价值观和利益诉求等的复杂社会群体。对于这些差异化的交流对象，如何能保证风险信息的有效交流是食品安全风险交流所面临的问题，因此了解和区分不同的风险交流对象是保证有效风险交流的前提。在风险交流活动中，不同交流对象的地位和作用不同，只有各方能够起到自己应有的作用，承担相应的责任，风险交流活动才能有效进行。例如，风险管理者在风险管理活动中往往忽视公众对决策的意见，不能保证公众对风险管理活动的知情权，对于风险管理措施的出台只是告知公众，这就会导致风险管理措施的实施在很多情况下不能得到公众的理解，实施效果也会降低。因此，如何认识和保证风险交流对象在风险交流中的作用和责任非常重要。

不同交流对象在风险交流中的作用和责任包括以下几个层面。

国际组织：国际食品法典委员会（CAC）及其附属机构的组织结构和工作过程为有效的风险交流提供了许多机会。CAC 秘书处负责一些风险交流活动，如出版各种文件，包括各法典分委员会的标准、报告和其他文件。互联网的广泛使用，使这些报告和其他法典信息得以迅速传播。FAO 和 WHO 经常利用国际知名专家对某一问题的咨询会议的见解为成员方政府和其他有关各方提供指导意见，通过出版报告和互联网与成员方政府及其他有关各方交流评估结果和建议。SPS 协定鼓励各国保持协调一致，并着重强调在制定和应用食品安全管理措施时，应使风险交流具有透明性和一致性。协调一致即在不同成员方之间建立、认同并应用相同的卫生措施，这显然依赖于有效的风险交流。SPS 委员会还通过 SPS 协定要求的通报程序，在各成员方之间交流风险管理的决定。

政府：无论采用何种方法来管理危害公众健康的风险，政府都对风险交流负有根本的责任。当风险管理的职责是使有关各方充分了解和交流信息时，政府的决策就有义务保证参与风险分析的有关各方都能有效地交流信息。同时风险管理者还有义务了解和回答公众关注的危害健康的风险问题。政府应尽力采用一致的和透明的方法交流风险信息；应该尊重由于经济、社会和文化不同而产生的认识差异；政府有责任进行公共健康教育，并向卫生界传达有关信息，有时需要将重要的信息传递给特定对象，如孕妇和老年人。

企业界：同政府一样，企业也有责任将风险信息传递给消费者。企业全面参与风险分析工作，对做出有效的风险管理决定十分必要，并可为风险评估和风险管理提供主要的信息来源。企业和政府间经常性的信息交流通常涉及在制定标准或批准新技术、新成分或新标签过程中的各种交流。在这方面，食品标签已经并且通常用于传递有关食物成分以及如何安全食用的信息。将食品标签作为风险交流手段已经成为风险管理的一种方法。风险管理的一个目标是确定最低的、合理的和可接受的风险。这就要求对食品加工和处理过程中的一些特定信息有一定了解，而企业对这些信息具有最好的认识，这在风险管理者和风险评估者拟定有关文件和方案时将发挥至关重要的作用。

消费者和消费者组织：保证公众广泛而公开地参与国内风险分析工作，是切实保护公众健康的必要因素。在风险分析过程早期，消费者和消费者组织的参与有助于确保消费者关注的问题得到重视和解决，还会使公众更好地理解风险评估过程及如何做出风险决定。这能够进一步为由风险评估产生的风险管理决定提供支持。消费者和消费者组织应经常和企业、政府一起工作，以确保消费者关注的风险信息能得到很好地传播。

学术界和研究机构：学术界和研究机构的人员以他们对于健康和食品安全的科学专业知识，以及识别危害的能力，能在风险分析过程中发挥重要作用。媒体或其他有关各方可能会请他们评论政府的管理决定。通常他们在公众和媒体心目中具有较高的可信度，同时也可作为不受其他影响的信息来源。

媒体：媒体在风险交流中显然会起到非常关键的作用，因为公众了解的有关食品健康风险的信息大部分是通过媒体获得的。各种大众媒体针对不同事件、不同场合及不同媒体发挥着各种各样的作用。媒体可以仅仅是传播消息，也可以制造或说明信息。媒体并不局限于从官方获得信息，他们的信息还常常反映出公众和社会其他部门所关注的问题。这也使风险管理者可以从媒体了解之前未认识到的公众关注的问题。

二、风险交流的要点和指导原则

1. 风险交流的目标

（1）促进所有参与者认识和理解风险分析过程中的具体问题。

（2）在达成和实施风险管理决定时，增加一致性和透明度。

（3）为理解所提出的或实施的风险管理决定提供一个合理的依据。

（4）促进风险分析过程的全面有效性并提高效率。

（5）制订和实施作为风险管理选项的有效信息和教育计划。

（6）培养公众对食品供应安全性的信任和信心。

（7）加强所有参与者之间的工作关系和相互尊重。

（8）促进所有各方适当地参与风险交流过程。

（9）各方交流有关食品风险及其他论题的信息，包括其认识、态度、价值、行为及观念。

从本质上讲，风险交流是一个双向过程，它涉及风险管理者和风险评估者之间，以及风险分析小组成员和外部的利益相关方之间的信息共享。在这个双向的信息交换过程中，一方面就食品安全风险和管理措施向公众提供清晰、及时的信息，主要是保证利益相关方和公众对食品安全信息和决策过程的知情权，同时对决策过程有参与权；另一方面通过风险交流，风险管理者和风险评估者可以获取关键信息、数据和观点，并向受到影响的利益相关方征求反馈意见，这样的参与过程有助于形成决策依据。也就是说，风险交流的过程并不是管理者的一个告知过程，来自各利益相关方的意见对于良好的风险决策有很大的帮助。

2. 有效的风险交流的要素

进行有效的风险交流的要素包括以下几点。

（1）风险的性质：包括危害的特征和重要性，风险的大小和严重程度，情况的紧迫性，风险的变化趋势，危害暴露的可能性，暴露的分布，能够构成显著风险的暴露量，风险人群的特点和规模，最高风险人群。

（2）利益的性质：包括与每种风险有关的实际或者预期利益，受益者和受益方式，风险和利益的平衡点，利益的大小和重要性，所有受影响人群的全部利益。

（3）风险评估的不确定性：包括评估风险的方法，每种不确定性的重要性，所得资料的缺点或不准确度，估计所依据的假设，估计对假设变化的敏感度，风险评估结论的变化对风险管理的影响。

（4）风险管理的选择：包括控制或管理风险的行动，个人可采取的降低其风险的行动，选择特定的风险管理选项的理由，特定措施的有效性，特定措施的利益，风险管理的费用和来源，实施风险管理措施后仍然存在的风险。

对风险评估结果进行准确、清晰地描述非常重要。风险评估往往基于某些假设，为了避免误解，在介绍风险评估结果之前，需要首先把这些假设的前提解释清楚，否则其评估结果可能会对社会造成很大影响。例如，我国台湾地区曾有一份关于食用牡蛎的致癌风险评估报告，在当地消费者中引起了恐慌，并对相关产业造成了严重影响。一组研究人员检测了台湾牡蛎的含砷量，并依此进行了致癌风险评估。其研究结果发表在一份国际刊物上，指出如果一个人连续 30 年以最大食用量（139g/d）食用含砷量最高（19.3μg/g 干重）的牡蛎的话，其终生患癌的概率为 5.10×10^{-4}。台湾一家媒体翻译并发表了该研究结果的一部分，着重强调了其致癌概率比美国环保局认为的可接受值要高出 500 多倍。结果导致消费者不再购买牡蛎，相关产业因而遭受惨重损失。媒体对风险评估时关键假设的忽略和对只有在极端情况下才会具有的风险的突出强调，导致了这次不幸事件的发生。上述事件反映了对风险评估结果进行风险交流时准确表述的重要性。

3. 风险交流的形式

风险交流的方法和途径很多，具体要取决于食品安全问题的性质、涉及利益相关方的数量和性质、社会背景等。CAC 列出了一些被广泛使用的方法或途径，一般的交流方法或途径可分为会议性途径和非会议性途径。会议性途径包括听证会、公众会议、专题讨论会、针对重点人群的会议、答辩性的会议等；非会议性途径包括访谈、热线和免费电话、网络、电视广播、展览条幅、科学报告等。

究竟需要选择何种交流途径和方法，与所要交流的内容及交流对象有很大关系。例如，对某个当前大家关注的食品安全问题，组织有关管理措施的科学和经济方面问题的研讨会可能会吸引食品企业的参与；而就风险分析的最新研究进展召开的专题研讨会可能会吸引许多学术界专家和其他利益相关方参与。

我国许多与食品安全相关的标准、规范及法律法规在起草以后、正式发布之前都有向公众征求意见的过程，与食品安全相关的任何一方，包括监管部门工作人员、企业技术人员及消费者都可以很方便地参与到食品安全风险管理策略的制定过程中去。例如，我国于 2008 年 4 月 20 日公布《食品安全法草案》，并面向公众征求意见，广大人民群众通过网络、报刊、书信等不同方式提出意见和建议。

总之，选择何种交流方法和途径，取决于该问题的内容特征、交流的对象类型和知识背景。无论选择何种方法和途径，都要最大限度地提高交流对象的参与度和主动性。

4. 风险交流的原则

（1）认识交流对象：在制作风险交流信息资料时，应该分析交流对象，了解其动机和观点，并与其保持有效、开放的交流渠道。

（2）科学专家的参与：作为风险评估者，科学专家必须有能力解释风险评估的概念和过程，还要能够解释其评估的结论和科学数据，以及评估所基于的假设和主观判断，以使风险管理者和其他相关方能清楚地了解风险。科学专家还必须能够清楚地表达他们知道的和不知道的一些信息，并且解释风险评估过程中的不确定性。

（3）建立交流的专门技能：有效的风险交流需要所有有关各方具备传达易理解的有用信息的专门技能。风险管理者和科学专家可能没有时间或技能去完成复杂的交流任务，比如对各种各样的交流对象（公众、企业、媒体等）的需求做出答复，并撰写有效的信息资料，因此，应有具备风险交流技能的人员参与风险交流过程。

（4）确保信息来源可靠：决定信息来源可靠性的因素包括可信任度、公正性及无偏见性。例如，消费者认为同“可靠性高”相联系的用词包括基于事实的、知识水平高的、专家、公众福利、负责的、真实的及良好的可追溯性。如果多种来源的信息是一致的，其可靠性就会得以加强。有效的交流需要承认目前存在的问题和困难，在内容和方法上是公开的、及时的。消息的及时传递极其重要，许多争论往往集中于“为什么不早点告诉我们”，而非风险本身。长远来看，对信息的遗漏、歪曲和出于自身利益的声明都会损害信息的可靠性。

（5）分担责任：国家、地区和地方政府管理机构对风险交流负有根本的责任，公众期望政府在管理公众健康的风险方面起到领导作用。尤其当风险管理的决定是采取强制或非强制的自愿控制措施（即监管部门不采取行动）时，应通过风险交流解释为什么不采取行动是最佳措施。媒体、企业、风险评估者等均需对风险交流的结果负有共同的责任。

（6）分清“科学”和“价值判断”的区别：风险交流者有责任说明所了解的“科学事实”及与之相关的认识的局限性。而“价值判断”体现在“可接受的风险水平”这一概念中。风险交流者应该能够对公众说明确定“可接受的风险水平”的理由。公众往往将“安全的食品”理解为零风险的食品，但零风险通常是不可能达到的。实际操作中，“安全的食品”通常意味着食品是“足够安全的”，对这一点的清楚解释是风险交流的重要功能。

（7）确保透明度：为了使公众接受风险分析过程及其结果，要求这个过程必须是透明的。除了因合法原因需保密（如专利信息或数据）外，风险分析的透明度必须体现在过程的公开性和可供有关各方审议两个方面。

（8）正确认识风险：要正确认识风险，一种方法是研究可能带来风险的食品的加工工艺或加工过程；另一种方法是将所讨论的风险与其他相似的更熟悉的风险相比较。只有正确认识风险才能更好地开展风险交流工作。

如果不能正确地按以上原则进行风险交流可能会导致负面效果。比如，目前的风险交流强调了消费者和新闻媒介的参与。但是，由于发展中国家的消费者和新闻媒介对于食品安全问题的认识水平较低，过分强调其作用很可能导致政府在决策时，将有限的管理资源投入到消费者更加关注的“热点”问题上。而实际上这些问题并不完全是真正最急需解决，或者在科学意义上并不是最严重的食品安全问题。这必将造成管理资源的巨大浪费，同时也将给消费者造成潜在的危害。消费者要正确地认识和理解风险，尽管风险每时每刻都在我们的日常生活中，但人们并没有因为它们的存在而减少自己的社会活动。食品安全风险也是如此，“零风险”的食品是不存在的，风险始终伴随着食品。进行风险分析的目的不是要实现、实际上也不可能实现食品安全性的“零风险”，而是要通过有效的风险管理，将风险控制在可以接受或承受的范围之内。

第二节 风险交流的实践应用

一、有效的风险交流的障碍

风险分析过程中，在信息获取方面存在以下障碍：在风险分析过程中，企业由于商业等方面的原因，或政府机构由于某些原因，不愿意交流他们各自掌握的风险情况，造成信息获取方面的障碍。一个国家在进行风险分析时，在理想状态下，进行风险分析的主管机构应当掌握该国食源性危害等风险因素的全部资料。而我国进出口食品和内销食品的安全管理工作分属于几个不同的行政部门，这种条块分割和各自为政的管理体制使得我们不但极度缺乏风险分析的必要资料，而且这些有限的信息又很难做到资源共享，这就有可能无法进行风险因素调查等工作。信息传播渠道有限，尤其是广大农村地区，人们较少接触报纸、杂志和网络等媒体，而电视上关于食品安全的信息又比较少，加之文化水平有限，导致其获得食品安全信息很困难，更谈不上对食品安全风险的交流。某些情况下，企业或其他个人可能有关于某一风险的专门信息，但出于保护其竞争地位的需要或其他商业目的，他们不愿与政府机构分享这些信息。

风险分析过程中缺乏那些主要相关方的参与是有效的风险交流的另一个重要障

碍。比如消费者组织和发展中国家在风险分析过程中的参与程度远远不够。

另外，还有许多风险交流的障碍并不是食品安全风险分析过程独有的，而是对所有复杂的技术和利益问题进行交流时都会面临的固有困难。公众对风险的理解和感受性不同，对科学过程缺乏了解，加之信息来源的可信度不同和新闻报道的某些特点，以及不同人群语言、文化、宗教等因素的不同，共同造成实际进行风险交流的困难。例如，如果风险信息未切中人们实际关心的问题，而仅仅是介绍专家所提供的技术性风险评估，那么公众可能根本不会注意这些信息。再如，广大消费者和社会公众在食品安全信息获取方面处于劣势，而生产企业处于绝对的信息优势，严重束缚了食品安全的风险交流。

因此，为了进行有效的风险交流，有必要建立一个系统化的方法，包括收集背景和其他必要的信息、准备和汇编有关风险的通知、进行传播发布、对风险情况交流的效果进行审查和评价。另外，对于不同类型的食品安全风险问题，应当采取不同的风险交流方式。

二、有效的风险交流的策略

在了解了风险交流活动中利益相关各方的责任和作用后，还应根据风险交流的内容和不同的交流对象制定不同的风险交流策略。由于风险交流各方在风险分析活动中所处的地位及其认知水平、参与程度和作用等方面存在差异，因此单一的风险交流内容和方式会使风险交流活动的效果降低，应针对不同的交流对象和内容制定不同的交流策略。一般的风险交流策略可能包含以下内容。

（1）收集、分析并交换有关该食品安全风险的背景信息。

（2）确认风险评估者、风险管理者和其他利益相关方对该食品安全风险或相关风险的理解和认识，以及他们相应的态度和风险相关的行为。

（3）了解外部利益相关方对该风险的关注点，以及他们对风险分析过程的期望。

（4）对一些利益相关方来说，某些相关问题可能比已确定的风险本身更重要，要识别这些问题并保持敏感性。

（5）识别利益相关方认为重要并希望获得的风险信息类型，以及他们拥有并希望表达的信息种类。

（6）确定需要从外部的利益相关方获得的信息种类，并确定谁能够提供这些信息。

（7）确定给不同类型利益相关方发布信息或从他们那里获得信息的最合适的方法和媒介。

（8）解释风险评估过程，包括如何说明不确定性。

（9）确定并使用一系列的策略和方法，参与到风险分析小组成员和利益相关方的互动对话中。

（10）评估从利益相关方那里获得信息的质量，并评估其对风险分析的作用。

（一）非紧急状态下的风险交流策略

风险交流在出现食品安全突发事件时显然是非常重要的，但是，在没有紧急突发事件，只是对认识到的危害进行常规风险分析时，风险交流同样重要。在这些情况下，制定风险交流策略应该考虑以下几方面。

（1）背景信息：在公众健康危害变得明显之前，提前做出估计；确定公众所考虑的危害得到重视，以及公众对风险的认识和看法；分析风险交流的对象并了解他们的动机，尽量全面认识他们所关注的问题和他们认为的重要程度；分析使用哪些信息渠道和信息资料才是最佳的，并利用大众媒体和其他适当的渠道来传递信息。

（2）准备：向相关人群描述风险是怎样确定的，以及怎样监测风险和个人如何控制或减少风险；认识享有的好处，并帮助个人找到获取好处的方法；要使信息资料有趣味并切中人们的需求，而不只是强调统计数据；要特别地把由媒体发表的宣传消息制作得生动有趣，对媒体来说，宣传风险通常比宣传安全性更具新闻价值。

（3）传播和发布：尽可能地利用大众媒体讨论消费者所关注的问题。比如，电视转播当地代表性人物的公开讨论会；不断进行交流，从而使公众能够根据已获得的好处和目标做出决定，并且对可能的风险及相关好处有更深刻的理解；使风险交流具有多向性，这种交流不仅仅是从技术专家到公众，还可从公众反馈到专家；不断努力加强公众参与意识，使人们认识到他们处在健康促进活动或制定有效的决策过程中；利用健康教育和获取健康信息的方式，支持人们和组织有效地参与交流；满足媒体的需要。

（4）审核和评估：在所有风险交流策略中，增加“评估”这样一个组成部分；在交流对象的代表人群中检验人们对所传播信息的理解；将风险交流与风险评估和风险管理融为一体，以增强风险分析的有效性，并确保资源的合理利用；对风险评估者和风险管理者开展有关风险交流的原则和应用的教育和培训；有效的风险交流能够打破政府各部门之间、政府与非政府组织之间、公众与其他部门之间的传统分界线。协调和合作对风险交流是必要的，这要求在社会不同部门和所有层次之间建立平等的合作伙伴关系。

（二）食品安全突发事件期间的风险交流策略

一旦发生食品中有化学危害物、物理性掺假，或发现致病性微生物等典型的食品安全突发事件，尽管前述的非突发事件状态下的一般策略仍然适用，但突发事件情况下需要特殊的风险交流策略。风险交流策略应该是突发事件管理计划中不可缺少的组成部分。在突发事件期间保持良好的交流渠道非常重要。首先，要防止引起恐慌；其次，要提供有关突发事件的正面信息，以帮助决定采取何种行动。这些信息应包括以下几方面。

（1）突发事件的性质和程度，以及控制突发事件所采取的措施。

（2）被污染食品的来源以及如何处理家中的所有可疑食物。

（3）所确定的危害及其特征，以及何时、怎样寻医或其他必要的援助措施。

（4）怎样防止问题进一步蔓延。

（5）在突发事件期间，人们妥善地加工处理食品的方法。

为了达到上述目标，参加风险交流的人员应该做到以下几点。

（1）开展一系列媒体交流。

（2）建立适当的机制来传递信息，如现场访问、广播公告、免费服务热线等。

（3）如果发生某种食源性疾病，在特殊诊所中安排有关传染性风险的一对一咨询服务。

（4）向所有卫生保健机构和其他相关部门介绍每日最新的突发事件情况和突发事件管理行动。

（5）向政府官员和其他官方代表、公众代表及媒体进行定期通报。

（6）评估突发事件交流的有效性，并对此做出适当的调整。

负责处理食品安全突发事件的人员应该建立一套互相分享信息的网络系统。中央政府、研究机构、地方政府、医院和企业应以准确、简洁和可行的方式相互交流信息。

政府的反应：当发生食品安全突发事件时，政府要做好准备，以便迅速地将准确的信息传递给大众媒体和公众。基本的准备工作包括确定可靠的信息来源和专家意见，安排一个行政机构来处理突发事件期间的风险交流问题，以及提高工作人员对待媒体和公众的技巧。政府的食品安全信息办公室必要时应当作为突发事件管理中心，可将其作为一个信息服务中心接受消费者有关食品安全的咨询。食品安全监管机构也可以考虑通过互联网提供食品和食品安全的相关信息，其中包括对公众普遍关注的问题的解答。

企业的反应：当突发事件正在出现或已经出现时，卷入突发事件的企业应该确保政府全面获得有关突发事件发生的可能原因和问题严重程度的信息，以及有关召回已投放市场食品的预期效果信息。在突发事件期间，处理公众问题时，企业的行动和交流活动都应将消费者的安全放在首位。具体如下。

（1）以消费者的身份来评估问题，负责向消费者提供清楚和准确的事实真相，并提出解决问题的办法以保护消费者，从而向公众证明企业是值得信赖的。

（2）确保公司的任何声明都来自一个一致的信息来源，相互矛盾的信息会搞混问题，降低可信度，破坏突发事件的解决进程。

（3）选择一位受过训练并具有与媒体打交道技巧的发言人，并随时与媒体保持联系。

（4）发言人不能只是考虑食品企业的利益，还应为公众着想。

（5）同媒体交流要有开放的政策，交流的信息必须是一致的，而且一旦接到新信息，应该立即更新。

（6）保持快速、经常的交流，采用最佳工作时间表和工具与媒体合作，同那些从事解决突发事件问题的企业内外人员，特别是政府机构进行交流。

（7）向企业雇员，特别是销售和市场人员通报关于突发事件情况的进展，告知为解决突发事件正在做的及正在交流的风险信息。

（8）建立一个消费者的信息反馈机构，可采用提供免费的消费者服务电话以及民意调查收集反馈信息。

（9）了解企业的目标，以及怎样利用这些目标制作风险交流的宣传信息。

地方的反应：接触突发事件的第一线人员通常是地方官员，因此关键是他们要迅速与有关当局进行情况交流，以便使突发事件能够得以控制，并进行正确的管理。地方官员应提供全面、及时、准确的信息；当问题已经解决时，及时通告广大消费者；保证所提供信息简明扼要，太多的信息往往令人不知所措；选出一名受过媒体技巧训练的新闻发言人，并随时与媒体保持联系；在突发事件期间，消费者应该了解谁对信息和信息更新负责。

美国 FDA 网站上会对暴发的食源性问题进行及时更新，以便相关各方可以获得相应的食品安全的资料。以下就是在 FDA 网站上公布的关于 Vulto Creamery 公司生产的软奶酪中李斯特菌问题的调查报告。其中体现了食品安全风险各相关方的交流。

案　例

FDA 关于 Vulto Creamery 公司生产的软奶酪中李斯特菌问题的报告

快　报

2017 年 5 月 3 日，星期三，疾病预防控制中心（Centers for Disease and Prevention，CDC）报道，李斯特菌疫情已经基本结束。4 个州共 8 人受到感染，其中 2 人死亡。

美国食品药品监督管理局（FDA）、CDC、州和地方政府认定位于纽约州沃尔顿的 Vulto Creamery 公司生产的 Ouleout 软奶酪是这次李斯特菌暴发的可能来源。

在 FDA 对 Ouleout 软奶酪的零售样品积极进行测试后，Vulto Creamery 公司于 2017 年 3 月 3 日开始联系其客户返回 Ouleout 软奶酪，并于 3 月 7 日宣布召回 Ouleout 软奶酪及 Miranda、Heinennellie 和 Willowemoc 软奶酪。3 月 11 日，Vulto Creamery 公司扩大了其召回范围，将其所有产品召回：Ouleout、Andes、Blue Blais、Hamden、Heinennellie、Miranda、Walton Umber 和 Willowemoc。为了应对疫情，FDA 于 2017 年 2 月 28 日对 Vulto Creamery 公司进行了检查，并在检查结束时发布了 FDA 的 483 号表，描述了调查人员的检查意见。FDA 的 483 号表代表 FDA 检查员的意见，并不代表该机构关于企业条件的最终结论。

问题是什么和我们做了什么？

FDA、CDC、州和地方官员对与 Vulto Creamery 公司生产的软奶酪相关的多发性李斯特菌病的暴发情况进行调查。

CDC 报道称，共有来自康涅狄格州、佛罗里达州、纽约州和佛蒙特州 4 个州的 8 人感染了单核细胞增生李斯特菌。疾病暴发始于 2016 年 9 月 1 日，至 2017 年 3 月 13 日已导致 8 人住院，2 人死亡。患病者的年龄从不到 1 岁至 89 岁，平均年龄为 52 岁。根据从患者那里收集到的信息，以及从零售地点和 Vulto Creamery 公司采集的奶酪样品的测试结果显示，Ouleout 软奶酪是这次疾病暴发的可能来源。康涅狄格州公共卫生署收集并测试了一个开放的消费者样本，样本与暴发菌株相匹配，并被鉴定为来自 Vulto Creamery 公司的 Ouleout 软奶酪。2017 年 3 月 3 日，FDA 收集的零售样品中发现单核细胞增生李斯特菌呈阳性。在获悉疾病与软奶酪之间的联系后，Vulto Creamery 公司于 2017 年 3 月 7 日宣布召回 Ouleout 软奶酪。该公司还召回了其他软奶酪，包括 Miranda、Heinennelli 和 Willowemoc。纽约州农业和市场部对从 Vulto Creamery 公司收集的 Ouleout 软奶酪样品的测试结果，确定了单核细胞增生李斯特菌为暴发菌株。2017 年 3 月 10 日，FDA 又从另外的零售奶酪样品中检测出与单核细胞增生李斯特菌相匹配的阳性检测结果。2017 年 3 月 11 日，Vulto Creamery 公司扩大召回范围，包括市场上的所有产品：Ouleout、Andes、Blue Blais、Hamden、Heinennellie、Miranda、Walton Umber 和 Willowemoc。为了应对疫情，FDA 于 2017 年 2 月 28 日对 Vulto Creamery 公司进行调查，并于 2017 年 3 月 22 日结束调查，发布了一份长达 10 页，包含 14 点的 FDA 报告，描述了调查员的调查结果。调查结果显示，Vulto Creamery 公司存在多处问题，如员工的不良卫生习惯，设施内部有黑色或绿色的霉菌及设备失修等。CDC 于 2017 年 5 月 3 日（星期三）宣布疫情已经基本结束。

感染李斯特菌病的症状

李斯特菌病是一种罕见但严重的疾病，通常是由食用被单核细胞增生李斯特菌污染的食物引起的。如发现发烧和肌肉疼痛，有时会伴有腹泻或其他胃肠道症状，或者在进食任何该公司召回的产品后出现发烧和发冷症状，应及时就医。症状可能会在食用受污染的食物后几天到几周后出现。

谁是易感人群？

李斯特菌病可能是致命的，特别是在某些高危人群中。这些群体包括老年人和免疫系统减弱及某些慢性疾病（如癌症）的人群。在孕妇中，李斯特菌病可导致新生儿流产、死胎、早产、严重疾病或死亡。

哪些产品被召回？

Vulto Creamery 公司召回了 Ouleout、Andes、Blue Blais、Hamden、Heinennellie、Miranda、Walton Umber 和 Willowemoc 奶酪。奶酪在全国范

围内销售，其中大部分销往美国东北部和中部，包括加利福尼亚州、芝加哥、波特兰和华盛顿特区等地。

消费者需要做什么？

FDA敦促消费者不要吃任何被召回的产品，并查看他们家里是否有召回的软奶酪产品。Vulto Creamery公司提示已经购买任何召回产品的消费者可将其退回到购买地点以获得全额退款。

消费者应遵循以下简单步骤。

（1）在食物处理前后，用温水和肥皂洗手至少20s。

（2）冲洗冰箱、砧板和台面的内壁和搁板；然后配制消毒溶液（一加仑[①]热水中加入一汤匙含氯漂白剂）进行清洗；最后用干净的布或未使用的纸巾擦干。

（3）擦拭冰箱，并定期清洁冰箱。

（4）清洁和消毒过程后，请务必用温水和肥皂洗手。

疾病预防控制中心网站提供有关预防李斯特菌病的其他建议。

餐厅和零售商需要做什么？

餐馆和零售商不得出售任何召回的产品，并将其退回给Vulto Creamery公司。如果不知道奶酪产品的来源，应该与供应商进行核对。

清洗和清洁存放潜在污染产品的陈列柜和冰箱。

洗涤和消毒用于切割、盛装或存储潜在污染产品的砧板、台面和用具。

在清洁和消毒过程之后，用温水和肥皂洗手。

加工和包装任何潜在污染产品的零售商、餐馆和其他食品服务经营者需要关注操作台表面和器具的交叉污染，防止与潜在的污染产品接触。

经常清洗和消毒用于加工的切菜板和餐具，可最大限度地减少交叉污染的可能性。食品中的李斯特菌可以在冷藏温度下生长。李斯特菌也可能交叉污染在同一砧板上进行切割或储存在同一区域的其他食物。

零售商、餐馆和其他食品服务经营者应考虑其他可供出售的食品是否可能受到潜在污染产品的交叉污染，若有应予以丢弃。

应该与谁联系？

对Vulto Creamery公司召回有疑问的消费者可以在美国东部时间周一至周五上午9:00至下午4:00致电该公司的消费者热线：607-222-3995。

消费者对食品安全有任何疑问，请积极与食品药品监督管理局联系，可在美国东部时间周一至周五上午10:00至下午4:00致电1-888-SAFEFOOD，或咨询FDA网站。

更多信息请登录https://www.fda.gov/Food/RecallsOutbreaksEmergencies/Outbreaks/ucm545787.htm进行查询。

---

① 1加仑=3.785 43L

思考题

1. 简述风险交流的目的。
2. 不同交流对象在风险交流中的作用和责任包括什么?
3. 简述风险交流的目标。
4. 有效的风险交流的要素包括哪些?
5. 简述风险交流的形式。
6. 简述风险交流的原则。
7. 进行有效的风险情况交流，系统化的方法包括哪些内容?
8. 简述一般的风险交流策略的内容。
9. 简述非紧急状态下的风险交流策略。
10. 简述食品安全突发事件期间的风险交流策略。
11. 如何正确利用互联网进行风险交流?

主要参考文献

何猛. 2013. 我国食品安全风险评估及监管体系研究[D]. 北京: 中国矿业大学博士学位论文.
沈岿. 2015. 风险交流的软法构建[J]. 清华法学, 9(6): 45-61.
陶宏. 2012. 风险分析在食品安全国家标准制定中的应用研究[D]. 北京: 清华大学硕士学位论文.
赵丹宇. 2008. 食品安全危险性信息交流模式的探讨[J]. 中国食品卫生杂志, (6): 530-534.
https://www.fda.gov/Food/RecallsOutbreaksEmergencies/Outbreaks/ucm545787.htm[2019-01-16].
Melngaile A, Kārkliha D. 2013. Microbiological risk analysis in catering establishments[J]. Proceedings of the Latvian Academy of Sciences. Section B. Natural, Exact, and Applied Sciences, 67(4-5).
Yang S, Leff M G, Mctague D, et al. 1998. Multistate surveillance for food-handling, preparation, and consumption behaviors associated with foodborne diseases: 1995 and 1996 BRFSS food-safety questions[J]. Morbidity & Mortality Weekly Report Surveillance Summaries, 47(SS-4): 33-57.

第五章 食品中物理性危害的风险分析

第一节 食品中物理性危害的风险评估

食品中坚硬的或尖锐的外来物质（异物）称为物理性危害，往往是由不良的食品加工、害虫侵入、雇员自身携带的物品和加工包装物混入食品中造成的，可以导致口腔、舌头、咽喉、胃肠的损伤或破裂、穿孔，同时可能会损伤牙齿和牙龈。食品中的物理性危害种类较少，控制措施相对简单，可通过良好操作规范加以避免。

物理性危害的风险评估是指对食品或食品原料本身携带或加工过程中引入的硬质或尖锐异物被人食用后对人体造成危害的评估。

一、物理性危害的危害识别

物理性危害的危害识别的目的是确定食品中的物理性危害产生的潜在不良影响和不良反应发生的可能性。

根据美国 FDA 1972～1997 年对 190 例由外来异物引起的病例的评估及一些科学和临床证明资料得出以下结论：食品中长度为 7～25mm 的硬质或尖锐外来异物为物理性危害，可以导致口腔、舌头、咽喉、胃肠的破裂和穿孔，尺寸小于 7mm 的外来异物很少引起严重伤害，但特殊群体除外，如婴儿、外科术后患者及老年人。

一些食物本身具有坚硬或锋利的组成部分（如水产品的硬刺、硬质果壳、肉食品中的骨头等）较少引起伤害，因为消费者知道这些食物有坚硬的部分，但是也有意外发生的情况。例如，标签上标明食品固有的坚硬或锋利的部分已经被人工去除，如去核的橄榄、去骨鸡块等，这些标明已去除的部分若有残留就会意外地对消费者造成伤害。

物理性危害的确定比较简单，不需要经过流行病学研究和动物试验，种类比较少，按其性质可分为金属类和非金属类，金属类又分为含铁金属类和不含铁金属类，非金属类包括的种类比较多。含铁金属类包括机械切割或搅拌过程中破碎松弛的金属机械部件、金属丝、铁钉、图钉、钥匙等（表 5.1）。不含铁金属类包括铜丝、首饰、纽扣、机械部件、焊条、铅等（表 5.2）。非金属类包括骨、木（竹）碎片、玻璃、绝缘材料、昆虫、硬壳、植物刺、纽扣、石头等（表 5.3）。

表 5.1　含铁的金属异物（引自：王大宁，2004）

含铁的金属异物	潜在危害	可能的来源
钩子	刺伤	原料（鱼钩）
金属丝	刺伤	原料（破损的金属绳）加工过程（筛子滤网）
碎片	刺伤	加工过程中金属物相互接触碰撞
铁钉	刺伤	员工携带，维修操作不当
图钉	刺伤	员工携带
钥匙	牙齿损伤	员工携带
工具	牙齿损伤	维修操作不当
不锈钢	牙齿损伤	加工过程
机械部件	牙齿损伤	加工过程

表 5.2　不含铁的金属异物（引自：王大宁，2004）

不含铁的金属异物	潜在危害	可能的来源
铜丝	刺伤	维修操作不当（如脱落的电线），加工过程（如筛网）
碎片	刺伤	加工过程
首饰	刺伤/牙齿损伤	加工过程
纽扣	牙齿损伤	员工携带
机械部件	牙齿损伤	加工过程
焊条	牙齿损伤	维修
铅	牙齿损伤	原料

表 5.3　非金属异物（引自：王大宁，2004）

非金属异物	潜在危害	可能的来源
骨（长条/薄片）	刺伤、窒息	加工过程（如从肉中分离出的硬的和尖锐的骨）
木（竹）碎片	刺伤、窒息	原料（板条箱），加工过程（如桌子、工具）
玻璃	刺伤、出血	加工过程（如灯具、玻璃瓶子）
碎裂的藤条	刺伤	原料
硬塑料	刺伤、窒息	加工过程（包装物），员工携带（假的指甲）
绝缘材料	刺伤、窒息	维修（石棉纤维）
昆虫	刺伤、窒息	原料（尖锐的骨）
硬壳	刺伤、牙齿损伤	原料（甲壳）
垫圈	刺伤、牙齿损伤	原料混入
植物刺	刺伤、牙齿损伤	原料混入
纽扣	牙齿损伤	员工携带
石头	牙齿损伤、窒息	原料混入

二、物理性危害的危害特征描述

食品中的物理性危害造成人体伤亡和发病的概率较化学性和生物性危害低，但一旦发生，后果非常严重，如铁针、铁钉、玻璃碎片、硬石块、尖锐的木（竹）碎片等被误食后，如果不经过及时治疗或清除，会造成口腔、舌头、咽喉、胃肠损伤破裂或穿孔，出血或窒息而死亡。而且一旦发生必须经过手术方法才能将其清除。

食品中的物理性危害主要来源于原料本身携带的和加工过程中混入的异物。例如，原料中带有注射针头、石块、玻璃、木碎片等外来异物，没有经过检测混入食品中；维修过程中错误的操作造成一些铁钉、螺丝、金属物等遗落到食品中；不正确的加工规范会造成金属物之间直接相互接触或一些松弛的金属物遗落到食品中；操作人员的不当操作，如携带钢笔、首饰等物品进入车间，不慎遗落到食品中等。如果不经过控制和检测，均会造成物理性危害。

从表 5.1～表 5.3 可以看出，物理危害要么是原料混入的，要么是加工过程中混入的，其潜在的危害主要是刺伤消化道、损伤牙齿或引起窒息；其治疗方法大多是手术清除；一旦发生，对人体危害极大。

三、物理性危害的暴露评估

物理危害暴露的唯一途径是误食了混有物理性危害的食品。只要摄入了 7～25mm 的硬质或尖锐外来异物就能够对人体造成伤害，没有数量的概念。因此，对摄入物理性危害的风险评估只能采用定性评估，不存在定量评估。进行暴露评估时需要充分考虑减少或消除危害的可能性。

四、物理性危害的风险特征描述

物理性危害不存在阈值；风险特征描述要对特殊人群进行充分考虑，如婴儿、外科患者、老年人。根据危害识别、危害特征描述及暴露评估的结果给予高、中、低的定性估计。产品经过有效的控制后，如通过金属探测仪或 X 射线仪的检查，原料及加工过程经过严格的控制，那么风险评估为低风险，反之为高风险，可根据对产品的检测情况调整风险度。

第二节　食品中物理性危害的风险管理

一、物理性危害的总体预防控制措施

物理性危害的总体预防控制措施包括：健全食品安全法律法规体系，加强食品安全宣传教育，加大对恶意掺假行为的打击处罚力度，杜绝掺假行为。逐步在企业推行 GMP、HACCP 计划，严格执行设备、设施维护保养制度，加强加工过程的监督管理和设备维护。严格执行国家对食品加工企业的注册登记制度中的相关内容。例如，生产加工车间必须坚固耐用，可以减少墙壁瓷砖等建筑物脱落造成的危害；不采用木质门窗，可以减少部分碎木片的危害；不使用竹扫帚或其他竹器，可以减少竹条的危害；对原料进行检验、分类、过筛，有售货方的证明和保证书；采用金属探测仪和 X 射线仪；有效地控制昆虫进入车间和接触原料；预防性地维修设备，维修后对维修的场所进行检查；对检测仪器进行维护和校准；正确地包装操作，防止玻璃容器的破损，等等。另外，在工人的相关教育和培训方面应包括有关物理性危害的知识和预防控制措施等内容，强化员工培训，采取正确的卫生操作。

二、常见物理性危害的具体控制措施

一般来说，物理性危害的控制可根据危害的来源、性质等，分别确定具体的策略。要在食品生产过程中有效地控制物理性危害，及时除去异物，须以预防为主，保持厂区和设备的卫生。要充分了解一些可能引入物理性危害的环节而加以防范，如运输、加工、包装和贮藏及包装材料的处理（特别是玻璃包装材料）等过程。要采取有效监测和除去危害的措施，如金属探测器能发现食品中金属微粒，X 射线仪能发现食品中的各种异物（特别是骨头碎片）。

1. 金属性危害的控制措施

定期检查切割、搅拌混合设备或丝网带是否有破损或丢失部分；防止、避免金属物之间的接触碰撞；使用金属探测器进行探测。

2. 玻璃性危害的控制措施

对空的玻璃容器进行感官检查；清洁（水或高压空气）玻璃容器；定期检查生产线是否有玻璃容器破损；正确地调节封口容器；产品通过 X 射线仪进行检查或者采用其他的缺陷检测设备进行检查。

3. 其他减少和消除危害的方法

采取产品标签说明或警告的方式减少或消除危害；考虑产品的最终用途、加工步骤和官方指南；采用人工加工可以减少锯片的齿、刀片、螺丝、螺母等危害。

表 5.4 列出了一些常见物理性危害的控制措施。

表 5.4 食品中物理性危害的控制措施

危害	控制措施
原材料中的外来物质	使用的规格和保证书；卖方检验与认证；用磁铁筛选；分离器和过滤器处理；原料的厂内检验
包装材料中的外来物质、清洁剂等	使用的规格和保证书；卖方检验与认证，原料的厂内检验
加工过程或员工操作带入的外来物质	金属探测器检测；目视检查；设备的适当保养；经常检查设备

思考题

1. 简述物理性危害的定义及分类。
2. 简述物理性危害的危害特征描述。
3. 食品中的物理性危害主要来源有哪些?
4. 简述物理性危害的暴露评估的内容。
5. 简述物理性危害的风险特征描述的内容。
6. 物理性危害总的控制措施包括哪些?
7. 金属性危害的控制措施包括哪些?
8. 玻璃性危害的控制措施包括哪些?
9. 其他减少和消除危害的方法有哪些?

主要参考文献

谭家明, 业友于. 1984. 食品加工车间和仓库的内墙防霉涂料[J]. 食品科学, 5(2): 61-62.
唐晓芬. 2003. HACCP 食品安全管理体系的建立与实施: 中小企业实用指南[M]. 北京: 中国计量出版社.
王大宁. 2004. 食品安全风险分析指南[M]. 北京: 中国标准出版社.
吴培, 许喜林, 蔡纯. 2006. 食品安全风险分析的原理与应用[J]. 中国调味品, 22(9): 4-8.
张锋, 李志军. 2002. 食品加工过程中防止异物混入的对策[J]. 食品与药品, (9): 11-15.
中华人民共和国国家质量监督检验检疫总局, 中国国家标准化管理委员会. 2005. 水产品危害分析与关键控制点(HACCP)体系及其应用指南[S]. 北京: 中国标准出版社.
邹小南, 谭红, 钟英鹏, 等. 2008. 食品安全风险评估及其在农药残留上的应用[J]. 贵州农业科学, 36(3): 169-172.

附　　录

附录1　缩　略　语

ADI（acceptable daily intake）：每日允许摄入量

ARfD（acute reference dose）：急性参考剂量

CAC（Codex Alimentarius Commission）：国际食品法典委员会

EFSA（European Food Safety Agency）：欧洲食品安全局

FAO（Food and Agriculture Organization）：联合国粮食及农业组织

FDA（Food and Drug Administration）：食品药品监督管理局

FSIS（Food Safety and Inspection Service）：食品安全和检验局

GEMS（Global Environmental Monitoring System）：全球环境监测系统

GLP（good laboratory practice）：良好实验室规范

GMP（good manufacture practice）：良好操作规范

GPHIN（Global Public Health Intelligence Network）：全球公共卫生智能网络

HACCP（hazard analysis critical control point）：危害分析和关键控制点

HSDB（Hazardous Substances Data Bank）：有害物质数据库

IESTI（international estimate of short-term intake）：国际短期膳食摄入量

IPPC（International Plant Protection Convention）：国际植物保护公约

ISPM（International Standard for Phytosanitary Measure）：植物卫生措施国际标准

JECFA（Joint FAO/WHO Expert Committee on Food Additives）：联合国粮食及农业组织/世界卫生组织食品添加剂联合专家委员会

JEMRA（Joint FAO/WHO Expert Meeting on Microbiological Risk Assessment）：联合国粮食及农业组织/世界卫生组织微生物风险评估联合专家会议

JMPR（Joint FAO/WHO Meeting on Pesticide Residues）：联合国粮食及农业组织/世界卫生组织农药残留联合会议

LC_{50}（lethal concentration 50）：半数受试动物死亡毒物浓度或致死中浓度

LD_{50}（lethal dose 50）：半数致死量或致死中量

LOEL（lowest visible effect dose level）：最低可见作用剂量水平

ML（maximum limit）：最大限量

MOS（margin of safety）：安全限值
MRL（maximum residue limit）：最大残留限量
MTD（maximum tolerated dose）：最大耐受剂量
NEDI [the national estimated(chronic) daily intake]：国家估计（慢性）每日摄入量
NESTI（the national estimate of short-term intake）：国家估计短期摄入量
NOAEL（no observed adverse effect level）：无可见不良作用剂量水平
NOEL（no observed effect level）：无可见作用剂量水平
PTDI（provisional tolerable daily intake）：暂定每日耐受摄入量
PTWI（provisional tolerated weekly intake）：暂定每周耐受摄入量
QA（quality assurance）：质量保证
QC（quality control）：质量控制
RARSFS（Rapid Alert and Response System for Food Safety）：食品安全快速预警与快速反应系统
RASFF（Rapid Alert System for Food and Feed）：食品和饲料快速预警体系
RDI（recommended daily intake）：每日推荐摄入量
RS（risk per serving）：每餐摄入风险
SPS 协定（Agreement on the Application of Sanitary and Phytosanitary Measures）：实施动植物卫生检疫措施协定
TBT 协定（Agreement on Technical Barriers to Trade）：贸易技术壁垒协定
TDS（total diet study）：总膳食研究
TMDI（theoretical maximum daily intake）：理论每日最大摄入量
USDA（United States Department of Agriculture）：美国农业部
USEPA（United States Environmental Protection Agency）：美国国家环境保护局
WHO（World Health Organization）：世界卫生组织
WTO（World Trade Organization）：世界贸易组织

附录 2　定　　义

1. 食品安全标准（food safety standard）：是指为了对食品生产、加工、流通和消费（即“从农田到餐桌”）食品链全过程中影响食品安全和质量的各种要素，以及各关键环节进行控制和管理，经协商一致制定并由公认机构批准，共同使用和重复使用的一种规范性文件。

2. 风险（risk）：是指暴露某种特定因子后在特定条件下对组织、系统或人群（或亚人群）产生有害作用的概率。

3. 危害（hazard）：是指当组织、系统或人群（或亚人群）暴露在某种特定因子之下，而有可能产生或导致有害作用的这种特定因子或状况的固有特性。

4. 食品安全危害（food safety hazard）：是指食品中存在或因条件改变而对健康产生的不良作用的生物的、化学的和物理的因素。

5. 风险评估（risk assessment）：是指对人体因接触食源性危害而对健康产生的已知或潜在的不良影响的科学评估，是一种系统地组织科学技术信息及其不确定性信息，来回答关于健康风险的具体问题的评估方法。

6. 风险管理（risk management）：依据风险评估的结果，权衡管理决策方案，并在必要时，选择并实施适当的管理措施（包括制定规则），尽可能有效地控制食品风险，从而保障公众健康的过程。

7. 风险交流（risk communication）：在风险评估者、风险管理者、消费者和其他有关各方之间进行的，有关风险及与风险相关各因素的信息和观点的交流过程。内容包括对风险评估结果的解释和风险管理决定的依据等。

8. 食品安全风险分析（food safety risk analysis）：针对人类食源性风险的评估，评估物理、化学和生物的危害物对人类或动物的风险。

9. 有害生物风险分析（pest risk analysis）：对病害、虫害风险的评估，评估由于病害或虫害的传入、传播和定居造成的风险，并根据可能采用的 SPS 措施评价相关潜在的生物学和经济后果。

10. 有害生物风险评估（pest risk assessment）：评价有害生物的传入和扩散可能性及其潜在的经济影响。

11. 有害生物风险管理（pest risk management）：评价和选择降低有害生物传入和扩散风险的措施。

12. 危害分析和关键控制点（hazard analysis critical control point，HACCP）：对食品安全性重要危害进行鉴别、评定和控制的一种体系。该体系通过预计哪些问题最可能出现，以及通过建立预防这些问题出现的有效措施，来确保食物在食用时是安全的（即对健康无任何潜在危害）。

13. 危害评估（hazard assessment）：是在应用 HACCP 原理、制订 HACCP 计划时，以某一种食品中的某一大类危害物作为评估对象，找出显著的、需要进行控制的对象，并确定相应控制措施的过程。

14. 定性风险评估（qualitative risk assessment）：是依靠先例、经验进行的主观估计和判断，可提供给决策者关于风险的定性判定。

15. 定量风险评估（quantitative risk assessment）：是指通过对暴露水平和剂量-反应的量化表达，对风险问题进行量化评价，其目标是建立一个数学模型来阐明那些可造成健康损伤的因素对健康所产生的不良作用的概率。

16. 点估计（point estimate）：数据输入为单一的数字，如平均值或 95%置信区间上限值（数据区间的高端，表示“最坏的情况”）。

17. 概率（随机）评估［probabilistic（stochastic）assessment］：数据输入为一

个可能的取值范围，该范围内每一个值的概率表示一个概率分布。

18. 危害识别（hazard identification）：是指对可能给人类及环境带来不良影响的风险源所进行的识别，以及对其所带来的影响或后果的定性描述。

19. 传播模式（mode of transmission）：简明阐述微生物是如何影响宿主的。

20. 发生（频率）和暴发数据（incidence and outbreak data）：文献记载的发生和暴发数据必须是可信的，并通过充分的研究来确保合适的数据。

21. 在食品中的含量（occurrence in food）：简要描述什么食品中可存在此种微生物危害及其典型的污染水平。

22. 危害特征描述（hazard characterization）：是指对存在于食品中可能对人类健康产生不良影响的危害物的性质进行的定性或定量的评估。

23. 剂量-反应评估（dose-response assessment）：是指在风险评估中，将人类由摄入微生物病原体数量、有毒化学物剂量或其他危害物的量与人类健康发生不良反应的可能性之间的关系用数学关系进行描述。

24. 暴露评估（exposure assessment）：是指对于食品中危害物的可能摄入量及通过其他途径接触的危害物的剂量的定性和（或）定量评估。

25. 假设情景设置：是一个描述影响食品安全性的可能途径范围的架构，包括加工过程、监督检验、贮存、销售及消费。每种假设都包括可能性和严重性。

26. 急性膳食暴露风险评估（dietary exposure risk assessment）：是估算人在一天内可能暴露的程度（范围）。化学危害物的膳食暴露量与食品中化学危害物残留量和人一天内各类食品的消费量有关。

27. 风险特征描述（risk characterization）：是指在危害识别、危害特征描述及暴露评估的基础上，对特定人群中产生已知或潜在不良健康影响的可能性和严重性进行的定性或定量的估计，包括相关的不确定性。

28. 年风险（risk per year）：表示每年发生不良影响的人数。

29. 年发病数（number of illness per year）：指每年发病的人数。

30. 食品安全风险概述（risk profile）：是指对某一食品安全问题所涉及的风险概况进行的系统性总体描述，它是风险管理的一项准备活动，需要对危害与食品的多种组合相关的食品安全问题进行细致的描述。

31. 物理性危害（physical hazards）：食品中坚硬的或尖锐的外来物质（异物）。

附录 3　《中华人民共和国食品安全法》（2018 修正版）

《中华人民共和国食品安全法》（2018 修正版）请扫描二维码查看。

附录 4　《中华人民共和国食品安全法实施条例》

《中华人民共和国食品安全法实施条例》请扫描二维码查看。

附录 5　SPS 协定全文

参见中华人民共和国商务部世界贸易组织司官网。

SPS 协定全文（英文）网址：http://sms.mofcom.gov.cn/article/wtofile/201409/20140900724795. shtml。

SPS 协定全文（英文）网址：http://sms.mofcom.gov.cn/article/wtofile/201409/20140900724790. shtml。

附录 6　TBT 协定全文

参见中华人民共和国商务部世界贸易组织司官网。

TBT 协定全文（英文）网址：http://sms.mofcom.gov.cn/article/wtofile/201409/20140900724784. shtml。

TBT 协定全文（英文）网址：http://sms.mofcom.gov.cn/article/wtofile/201409/20140900724769. shtml。